国家水产品加工技术研发中心
农业农村部水产品加工重点实验室 倾力打造

海洋食品营养与健康知识400问

陈胜军 ◎ 主编

中国农业出版社
北 京

图书在版编目（CIP）数据

海洋食品营养与健康知识400问 / 陈胜军主编 . — 北京：中国农业出版社，2023.10
ISBN 978-7-109-30954-8

Ⅰ.①海… Ⅱ.①陈… Ⅲ.①水产食品—食品营养—关系—健康—研究 Ⅳ.①TS254.5②R151.4

中国国家版本馆CIP数据核字（2023）第141116号

中国农业出版社出版
地址：北京市朝阳区麦子店街18号楼
邮编：100125
责任编辑：杨晓改　林维潘
版式设计：王　晨　　责任校对：吴丽婷
印刷：北京缤索印刷有限公司
版次：2023年10月第1版
印次：2023年10月北京第1次印刷
发行：新华书店北京发行所
开本：700mm×1000mm　1/16
印张：11.5
字数：218千字
定价：68.00元

编写人员名单

海洋食品营养与健康知识400问

主　编：陈胜军

副主编：赵永强　杨少玲

参　编：张亚秀　王黎明　丁　奎　李春生　王悦齐　潘　创　荣　辉　王　迪　戚　勃　李来好　杨贤庆　吴燕燕　郝淑贤　岑剑伟　胡　晓　邓建朝　黄　卉　马海霞　魏　涯　相　欢　冯　阳　刘红云

前言

FOREWORD

一直以来，就想写一本关于水产食品方面的书，以普及水产食品方面的知识。但深感内容庞大，不知从何着手。2014年4月11日，中国海洋大学食品科学与工程学院薛长湖教授应邀来中国水产科学研究院南海水产研究所做“海洋生物资源高效利用技术”的报告，讲到“海洋食品是食品中的战斗机。”受薛老师启发，遂定此书名并坚定了写出此书的计划。为提高大家对海洋食品的认识，促进大家了解海洋食品对人类健康的作用，结合目前我国对海洋权益的宣传与保护，我们撰写了本书。本书主要介绍海洋食品的营养、种类、烹调制作、原料鉴别及对有毒有害物质的控制等。

海洋是生命的摇篮，占地球表面积的70.8%，我们居住的与其说是地球，不如说是“水球”。人类不仅聚居于陆地，也将依赖于海洋存在和发展。海洋蕴藏着丰富的生物资源，为人类提供源源不断的、具有高营养价值的食物原料。“海洋生物普查”结果显示，海洋动植物约有100万种，其中常见种约为25万种。海洋给人类提供食物的能力相当于世界上所有耕地的1000倍。海洋每年可以提供给我们的水产品，至少可以养活300亿人。海洋鱼类约有3万种，年可捕量达9000万t以上，可以说海洋就是“碧波之上，良田万顷”。而海洋资源的保藏和加工直接关系到海洋的利用。

俗话说，“民以食为天，食以安为先”。饮食与人们的健康密切相关，食品科学在人们的生活中占据的地位越来越重要。海洋食品味道鲜美，营养价值高。与猪肉、牛羊肉、鸡肉等相比，鱼肉蛋白质含量更高，达到15%～24%，属优质蛋白，而且鱼肉的肌纤维比较短、结缔组织也比较少，所以鱼肉吃起来较其他畜禽肉更细致鲜嫩，更容易被人体消化吸收。鱼肉的脂肪含量比畜禽肉低，大部分鱼肉只含有1%～3%的脂肪，所以热量较畜禽肉低。鱼肉中含有丰富的不饱和脂肪酸如二十碳五烯酸（EPA）和二十二碳六烯酸（DHA），其对维护心脑血管健康、降低炎症反应都有非常好的效果。而这种脂肪酸在家禽、家畜中含量很少。此外，鱼肉中还含有丰富的维生素A、维生素D、维生素B_6、维生素B_{12}、烟酸及生物素，鱼油中也含有丰富的维生素A及维生素D，特别是鱼的肝脏中维生素A及维生素D的含量最多。鱼类还含有丰富的矿物质，一些丁香鱼或沙丁鱼等小杂鱼可以带骨一起吃，其中鱼骨是很好的钙质来源。海水鱼则含有丰富的碘，其他如磷、铜、镁、钾、铁等也都可以在吃鱼时摄取到。

中国营养学会于2022年4月26日发布的最新版本《中国居民膳食指南（2022）》首次提出以我国东南沿海一带膳食模式代表我国“东方健康膳食模式”。该模式提出日常膳食要营养丰富，建议常吃蔬果、鱼虾、大豆制品和奶类，且应清淡少盐等，并提倡每周至少食用鱼虾等水产品2次或300～500 g。这足以说明水产品在膳食营养均衡中具有重要的作用和地位。

吃鱼的好处主要体现在：一是保护心脏和大脑。研究发现，因纽特人罹患心血管疾病的比例很低，原因是他们的饮食中有大量富含EPA及DHA的海水鱼类。据调查，发现日本沿海渔村的居民，罹患心血管疾病的比例较内地居民低。鱼肉中EPA及DHA这两种特别的ω-3系列多不饱和脂肪酸可降低血脂，特别是可降低甘油三酯及低密度脂蛋白胆固醇水平，且会降低血小板的凝集作用，进而有预防血栓形成引起心脑血管疾病及脑卒中的功效，以保护心脏及大脑。二是减缓精神疾病症状。美国国立卫生研究院（NIH）最新研究表明：鱼肉中的ω-3系列多不饱和脂肪酸可以提高脑中血清素的浓度，对于抑郁等心理疾病有预防和治疗效果。针对芬兰地区的研究发现：一周吃不到一次鱼的人，罹患轻微抑郁症的比例比常吃鱼的人高，因为鱼肉中EPA及DHA可以消除忧虑，预防精神分裂症。英国科学家也指出，婴幼儿每日摄取定量的鱼，会在情感表达、理解他人以及亲子关系上表现更加出色。这些研究表明，不饱和脂肪酸能够抑制部分脑细胞的活性，从而有助于稳定情绪。三是延缓衰老。鱼肉中含有丰富的维生素，其中维生素A、维生素B_2和维生素E含量特别高。而维生素A可以使皮肤光滑，防止皮肤粗糙和干燥；维生素B_2可以平展皮肤皱纹，消除斑点；维生素E则能减缓皮肤衰老和产生皱纹。鱼肉组织中含有许多胶原蛋白和黏蛋白，煮沸再冷却后成为凝胶，对滋养皮肤、保持肌肤弹性有好处。罹患阿尔兹海默症的人，血液中DHA的含量平均比正常人少30%～40%，常吃鱼的人大脑较不易退化，即使是健康的人缺乏DHA也会造成记忆力和学习能力降低。四是保护视力，防止夜盲症。鱼肉中富含的DHA以及维生素A都对保护视力有一定的好处，多吃鱼可以预防随年龄增长所发生的视网膜黄斑变性。五是鱼肉的其他药用价值。在我国有文字记载或民间流传的药方表明：鲫鱼可改善妇女哺乳期奶汁不足现象；鲤鱼、鲫鱼、鳗鱼对治疗肺炎、痢疾有一定疗效；鳅鱼对治疗关节炎、中耳炎和跌打损伤等有一定效果。

本书采用问答的形式编写，既可指导广大消费者科学健康地消费海洋食品，也可供食品科学、农产品、保健食品等领域的科研、生产单位的从业人员参考使用，对相关学科的院校师生也有一定的参考价值。

本书得到基层科普行动计划项目、国家海水鱼产业技术体系专项（CARS-47-G27）与广东省现代农业产业技术体系水产品质量安全和环境协调创新团队项目的支持。限于编者知识水平，本书难免存在不足和疏漏之处，敬请读者批评指正。

编　者

2022年9月于广州

目录

第二章 虾 类

第三章 贝　类

第四章 藻 类

第五章 蟹 类

第六章　海　参

第七章　鱿鱼、墨鱼、章鱼

第八章 海蜇、海胆、海肠

第九章 其　他

第一章 鱼 类

1. 人类食用鱼类等水产品的发展历史是怎样的?

人类捕获和食用水产品的习俗，可以追溯到至少 4 万年前的旧石器时代。同位素分析有 4 万年历史的东亚现代人类遗骸显示，那时人类已经开始食用淡水鱼。考古学家从贝丘遗址中发现了被丢弃的鱼骨以及石洞壁画，显示出古时海洋食品已有显著的消耗量，并且对人类的生存很重要。据考古学家考证，至少在距今 4 000～6 000 年前的新石器时代，人类已经懂得采拾贝类食用，并且已有熟食加工。中国早期文献《周礼·天宫·庖人》已有将鱼类进行干制和制酱的记载，“夏行腒鱐，膳膏臊”，鱐即干鱼。东魏贾思勰所著《齐民要术》对于水产加工技术及方法在中国历史上的发展有比较详细的记载，其所记载的加工原料有鲤、鲫、鲋、鲂、鳝、鳢、鲇、蟹、虾、鳖、蛤等，加工方法包括鲊、酱、脍、脯腊及炙、煎、蒸、煮、羹、臛等。东汉刘熙《释名·释饮食》记载，“鲊，菹也。以盐米酿鱼以为菹，熟而食之也”。唐代刘恂所著《岭表录异》中记载，“蚝肉，大者腌为炙，小者炒食”。在以后 2 000 多年的渔业生产活动中，这些传统的保藏加工方法逐步发展成为全世界通用的水产品保藏加工技术，并沿用至今。

2. 常食用的海鲜有哪些?

海鲜（seafood），又称海产食物，是指利用海洋动植物做成的食物，包括鱼类、虾类、蟹类、贝类、软体动物类、藻类等。海鲜分为鲜活海鲜和冷冻海鲜，而经干燥脱水处理的海产食物一般称为海味。研究显示，无论是河鱼还是海鱼，营养价值都很高。食用海鱼以深海鱼为最佳，如三文鱼、金枪鱼等。深海鱼中含有丰富的不饱和脂肪酸，尤其以 ω-3 不饱和脂肪酸为主，对维护心脑血管健康、降低炎症反应有非常好的效果，而这种不饱和脂肪酸在家禽和家畜中含量很少。

3. 鱻这个字怎么读？是什么意思？

鱻读作 xiān，是“鲜”的异体字，味道鲜美之意。古人有“鱼之味，乃百味之味，吃了鱼，百味无味”之说。此字由三条鱼组成，说明鲜味是来源于鱼类。

4. 鱼的鲜味是如何产生的？

鱼的鲜美味道与鱼肉中的化学成分有关。一般刚捕捞出的活鱼或死亡不久的鲜鱼，体内含有多种氨基酸，如谷氨酸、组氨酸、天门冬氨酸、亮氨酸等，这些氨基酸都具有鲜味，此外，还有糖原、琥珀酸和天然含氮的物质，如氧化三甲胺、嘌呤物质等，也具有鲜味。同时，鱼体内还含有较丰富的蛋白质和脂肪。由于这些成分的存在，使得鱼肉具有鲜美的味道。

5. 鱼类有何营养价值？

鱼的种类很多，我国就有 2 000 多种，其中海水鱼 1 500 多种。鱼类肉味鲜美，营养丰富，深受人们喜爱。鱼肉蛋白质含量一般在 15%～20%之间，并且都是优质蛋白，其必需氨基酸含量高，种类齐全，构成比值接近人体所需的理想模式，营养价值高，鱼肉便于人体消化吸收。鱼的脂肪含量一般较低，而且多为不饱和脂肪酸，具有很好地降低胆固醇的作用。鱼的无机盐和维生素含量比较丰富，其中磷、钾、钙、碘和维生素 B_1、维生素 B_2、维生素 B_{12}、维生素 A、维生素 D 含量较多。

6. 什么季节吃鱼最好？

在春季随着天气变暖，鱼经过一个冬天的潜伏，纷纷外出活动觅食，此时的鱼极为肥嫩，营养价值很高。因此，春季是吃鱼的最佳时机。

7. 鱼肉比畜禽肉更容易消化吗？

鱼肉的肌纤维比较短，蛋白质组织结构松散，水分含量比较多，因此，肉质比较鲜嫩，和畜禽肉相比，吃起来更觉软嫩，也更容易消化吸收。尤其是对于不含 ω-3 不饱和脂肪酸的鱼来说，如鳕鱼，在胃中只停留 2 h。含 ω-3 不饱和脂肪酸的鱼，在胃里停留的时间与禽肉和牛肉差不多（3～4 h）。

8. 为什么鱼肉分白色肉和暗色肉？

鱼肉可分为白色鱼肉和暗色鱼肉。白色鱼肉中含有的营养物质相对较少，但腥味较轻。暗色鱼肉中含有的营养物质较多，腥味较重。一般来说，活动性较弱的银鳕鱼、大黄鱼、比目鱼等鱼类体内含有的白色肉较多；而活动性较强的金枪鱼、鲣鱼、沙丁鱼等鱼类体内含有的暗色肉较多。

9. 鱼体死后肌肉变化是怎样一个过程?

活鱼离开水面，便在体表分泌出一层主要成分为黏蛋白的透明黏液，用以适应不良环境。鱼死后肌肉经历僵直、自溶和腐败等变化过程。鱼体肌肉的僵直首先从背部肌肉开始。处于僵直阶段的鱼，用手握鱼时，尾不下弯，手按压肌肉不凹陷，口紧闭，鳃闭合，是鱼鲜度良好的标志。鱼的肌肉进入自溶阶段，肌肉及其他组织的蛋白酶使肌肉逐渐变软，失去弹性，加上微生物的作用，导致腐败变质。健康活鱼的肉应是无菌的，但鱼的体表、鳃及肠道都有一定数量的细菌，当鱼开始腐败时，体表黏蛋白被细菌和酶所分解，呈现混浊并有臭味。由于表皮结缔组织被分解，鱼鳞易于脱落，眼球周围组织被分解，使眼球下陷并混浊无光。在细菌作用下，鳃由鲜红色变为暗褐色并产生臭味。因肠内微生物大量繁殖产气，使腹部膨胀，肛门肠管脱出，将鱼体放在水中会上浮。当细菌入侵至脊柱时，会使两旁大血管破裂，因而脊柱周围呈现红色。当微生物再继续作用时，可导致肌肉碎裂并与鱼骨脱离，使得鱼体达到严重腐败阶段。

10. 鱼鳞有什么功效?

鱼鳞中含有丰富的胆碱、卵磷脂、不饱和脂肪酸、蛋白质以及钙、硫等矿物质。胆碱具有增强记忆力的作用；卵磷脂具有保护肝脏、促进神经和大脑发育的作用；不饱和脂肪酸具有防治动脉粥样硬化、高胆固醇血症、高血压及心脏病的作用；丰富的钙元素可以对人体起到良好的补钙作用。鱼鳞可以用小火熬成汤或待汤冷却后做成鱼鳞冻食用。因此，常吃鱼鳞对人体健康是很有益处的。

11. 如何鉴别鱼皮的质量?

鱼皮主要是以鲨鱼皮为原料加工而制成的干制品，富含胶原蛋白，具有较高的营养和经济价值。鱼皮的质量优劣主要是观察鱼皮内外表面的洁净度、色泽和鱼皮的厚度等。①鱼皮内表面通称无沙的一面，无残肉、无残血、无污物、无破洞，鱼皮透明，皮质厚实，色泽白，不带咸味的鱼皮为上品。如果色泽灰暗，带有咸味，则为次品，这种鱼皮泡发时不易发胀。如果色泽发红，即已变质腐烂，称为油皮，不能食用。②鱼皮外表面通称带沙的一面，色泽灰黄、青黑或纯黑，富有光润的鱼皮，表面上的沙易于清除，这种皮质量最好；如果鱼皮表面呈花斑状，沙粒难于清除，则质量较差。

12. 鱼眼有什么功效？

鱼眼中含有丰富的维生素 B_1 及二十二碳六烯酸（DHA）和二十碳五烯酸（EPA）等多不饱和脂肪酸。这些营养物质可增强人的记忆力和思维能力，同时可降低人体内胆固醇的含量。

13. 山东人为什么爱吃鲅鱼？

渤海湾盛产鲅鱼，每年的 4—6 月与 7—10 月都是新鲅鱼上汛的时节，分称春鲅与秋鲅，数量集中，价格便宜，正是人们大快朵颐的好时节。有道是“山有鹧鸪獐，海里马鲛鲳”，说鲅鱼（马鲛）是北方“重量级”的经济鱼类，真是一点儿也不为过。鲅鱼上市的季节里，山东人的餐桌上一定少不了鲅鱼，煎、炸、烧、蒸、煮等各式做法，常被做成鲅鱼饺子、鲅鱼丸子、鲅鱼烩饼子、红烧鲅鱼等。鲅鱼只有一根独刺，没有碎刺，因此食用起来很方便。最关键的是，鲅鱼肉质细腻、味道鲜美、营养丰富，含丰富蛋白质、维生素 A、钙等营养素，有补气、平咳作用；此外还具有提神和防衰老等食疗功能，常食对治疗贫血、早衰、营养不良、产后虚弱和神经衰弱等症状会有一定辅助疗效。

14. 如何选购鱼肚？

鱼肚是以大黄鱼、鳇鱼、鲟鱼、鮰鱼等大中型鱼类的鳔制成的干制品。鱼肚一般以片大纹直、肉体厚实、色泽明亮、体形完整的为上品；体小肉薄、色泽灰暗、体形不完整的为次品；色泽发黑，表明已经变质，不能食用。

15. 鱼骨有什么特殊的营养和功效?

鱼骨中含有丰富的钙等矿物质，具有防治骨质疏松的作用，对于青少年和中老年人非常有益。经过适当软化处理的鱼骨，营养成分变为水溶性物质，易于被人体吸收。鱼骨的烹调方法很多，可以用高压锅炖鱼，多放一点醋，这样促使鱼骨软化，可直接食用；也可以将鱼骨晒干、碾碎后，和肉馅一起做成丸子食用。一些小鱼的骨头和刺经过油炸、蒸煮和腌制后容易变软，可以经常食用。如鱼罐头中经油炸制成的豆豉鲮鱼其骨如酥，可以完全食用，受到消费者的广泛欢迎。

16. 鱼肝有什么功效?

鱼肝是鱼身体里储存多种营养成分的地方，富含维生素 A 和维生素 D 以及铁等营养成分，但其中的胆固醇和嘌呤含量也较高，不适合痛风患者食用。肝脏有解毒的功能，特别容易聚集毒素，因此在食用前应确定鱼没有受到环境污染。

17. 哪些鱼体内含有的 DHA 多?

DHA 鱼是指 100 g 鱼肉中含有 1 g 及以上 DHA 的鱼，有金枪鱼、红甘鱼、青花鱼、秋刀鱼、鳝鱼、沙丁鱼以及鱼卵。DHA 含量在 1 g 以下、100 mg 以上的鱼有虹鳟鱼、青鱼、蛙鱼、竹筴鱼、旋胡瓜鱼、日本叉牙鱼、星鳗、玉筋鱼、花鲫鱼、带鱼、鲻鱼、旗鱼、金眼鲷、鲣鱼等。含少量 DHA 的鱼有鲤鱼、鲈鱼、鲽鱼、比目鱼、多鳞鳝、燕鳐鱼、香鱼、大头鱼等。

18. 鱼鳔有什么特殊的营养成分和功效?

鱼鳔是一种理想的高蛋白低脂肪食品，含有丰富的大分子胶原蛋白和 ω-3 不饱和脂肪酸，是人体补充合成蛋白质和多不饱和脂肪酸的原料，且易于吸收利用，具有改善人体组织细胞营养状况、促进生长发育、增强抗病能力、延缓皮肤衰老的作用和功效。用鱼鳔制成的菜肴口感滑润、细腻。海水鱼的鱼鳔壁较厚，一般制成干品保藏和食用，俗称鱼肚或花胶。

19. 民间说儿童不能吃鱼卵，是这样吗?

鱼卵，又称鱼子，是一种营养丰富的食品，其中含有大量的蛋白质、钙、磷、铁、维生素和核黄素，胆固醇含量也较高，是人类大脑和骨髓的良好补充剂。每 100 g 鱼卵含水分 63.85～85.29 g，脂肪 0.63～4.19 g，粗蛋白质 12.08～33.01 g，粗灰分 1.24～2.06 g。卵中维生素 A、维生素 D 及 B 族维生素的含量也很丰富，而维生素 A 对保护眼睛有很大作用，维生素 B_1 可防治脚气病，维生素 D 可预防佝偻病。此外，鱼卵中还含有丰富的蛋白质和钙、磷、铁等矿物质以及大量的卵磷脂一类的营养素。这些营养素对人体，尤其是对儿童生长发育极为重要，又是我们日常膳食中比较容易缺乏的。因此，从营养的角度来说，孩子吃些鱼卵有促进发育、增强体质、健脑等作用。但因鱼卵富含胆固醇，老年人不宜多吃。鱼卵壁较厚，烧煮也很难烧熟透，吃了没有熟透的鱼卵容易消化不良。因此，在烹饪过程中要煮熟煮透，一次不要吃得过量。需要注意的是有些鱼卵，如河豚卵有毒，千万不能食用!

20. 鱼胆能吃吗?

鱼胆汁中含有胆酸、甘胆酸及胆色素和钙盐等成分，因这些成分具有一定的药用功能，所以在我国民间流传着鱼胆可以医治某些病症的说法，一些中药书籍也记载有鱼胆治病的药方。在我国南方，经常有人因食用鱼胆而发生中毒，甚至导致死亡。食用青鱼、草鱼、鲢鱼、鲤鱼、鳙鱼等的鱼胆后，均有中毒的报道。这些鱼类的胆汁中含有一种胆汁毒素，毒性较大。这种毒素进入人体后，首先损害肝细胞，使之变性、坏死，在它的排泄过程中又可使肾小管受损，引起肾小管的急性坏死，集合管阻塞，导致急性肾功能衰竭。鱼胆毒素不易被加热破坏，无论生熟均可使人中毒，而且毒性又异常剧烈，因此，切勿食用鱼胆!

21. 为什么民间说常吃鱼的人聪明？是否有科学依据？

鱼类（尤其是深海多脂鱼）富含有助于减少体内炎症的 ω-3 不饱和脂肪酸。研究表明，ω-3 不饱和脂肪酸血液浓度较低的人群更容易发生脑萎缩，在记忆力测试中成绩更差。鱼体内含有很多 DHA，而且对大脑的发育及人类的进化有着密切关系。DHA 具有提高大脑的功能、增强记忆力、防止大脑衰老等作用。多吃鱼能使脑筋聪明的假说，已被多国的实验研究证实，这个假说的主要观点是大脑的发育不可缺少 DHA。

22. 怎样鉴别鱼油的质量？

从感官上看，浅黄色鱼油经过脱脂提纯，含杂质较少，显得晶莹透明，因此浅黄色鱼油好于深黄色鱼油。DHA 是鱼油中较为重要的营养素，含量高的是优质鱼油。高品质鱼油和普通鱼油同时放入冰箱内，普通鱼油在0 ℃以下时将凝固，而高品质鱼油仍具有良好的流动性。

23. 吃鱼可以抵抗忧郁，让人变得快乐是真的吗？

鱼体内有一类特殊的脂肪酸，它与人体大脑中的“开心激素”有关。它有缓解精神紧张、平衡情绪等作用。研究表明，鱼体中的 ω-3 不饱和脂肪酸与常用的抗忧郁药如碳酸锂有类似作用，能阻断神经传导路径，增加血清素的分泌量，从而起到抵抗忧郁、让人变得快乐的作用。

24. 吃鱼可以预防哮喘吗?

哮喘是一种常见呼吸系统疾病，容易反复发作，主要表现为喘息、气急、胸闷或咳嗽，严重时甚至会导致呼吸衰竭。鱼含有不饱和脂肪酸，它们可阻止或减少炎症介质的产生，可增加白细胞表面磷酸酯的吸收性，减少白三烯和肿瘤坏死因子的产生，从而减轻气管炎症和气管的高反应性，达到预防哮喘发生或使严重症状减轻的良好效果；同时，鱼肉中含有丰富的镁元素，多吃鱼类可以润肺、补肺，从而缓解哮喘病的症状。对于患严重哮喘的病人，建议最好每日三餐中保证吃至少一顿的鱼或其他海鲜类食物。

25. 吃鱼可以预防阿尔茨海默病的发生吗?

人的身体素质到了晚年之后就会下降，晚年时期，阿尔茨海默病、脑卒中等很多疾病都会发生。多吃鱼对老年人养生有多种好处，因为鱼脂肪里所含的ω-3不饱和脂肪酸是促进大脑发育最好的物质。其中，金枪鱼、松鱼、沙丁鱼等鱼类含有较多ω-3不饱和脂肪酸，而牛肉、猪肉脂肪中则较少。人脑约50%是脂肪，其中10%是这种不饱和脂肪酸。它有助于减少大脑的炎症，保护大脑的血液供应。多吃鱼可补充这种不饱和脂肪酸，从而降低患阿尔茨海默病的风险。

26. 吃鱼可以防止脑卒中的发生吗?

研究表明，多吃鱼对心脑血管有保护作用。饮食中含有的蛋白质、含硫氨基酸的成分越高，则高血压的发病率越低。鱼类蛋白质含有丰富的甲硫氨酸和牛磺酸等含硫氨基酸，能影响血压的调节，使尿钠排出量增加，抑制钠盐对血压的影响，降低高血压的发病率。中老年人每天服3～4 g鱼油，可以减轻和预防心脑血管疾病的发生。

27. 野生鱼类比养殖鱼类更有营养吗?

很多人认为野生鱼营养更高，其实是一种误区。鱼的营养价值主要体现在鱼肉蛋白质和脂肪的含量与质量上。鱼的鲜味主要取决于鲜味氨基酸，鲜味氨基酸总量越高，鱼的鲜味越好。野生鱼的生长周期比人工养殖的长，食性更杂，部分呈味氨基酸可能会相对较高，因此会觉得味道会更鲜美。

28. 冻鱼解冻是用热水快还是冷水快?

用热水解冻只能使冻鱼的表皮受热，热量不能很快传导进去，外面的冰融化了，里面还是冻得结结实实的，这样不但不能很快把冻鱼解冻，而且会把鱼的表皮烫热，使蛋白质变性，引起表皮变质。正确的方法应该是把冻鱼放在冷水盆中浸泡，冻鱼在冷水比在热水中融化得更快而且均匀。为了加快解冻的速度，可在冷水中加点食盐，冻鱼解冻得更快，而且鱼肉中的营养成分不会受损失。

29. 如何选购咸鱼?

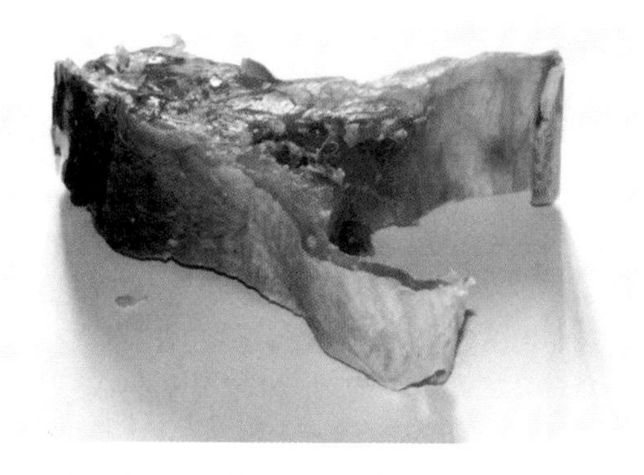

购买咸鱼时应注意，优质咸鱼肉要丰满、紧密、坚硬，鱼体无伤痕、无缺损、不糜烂，外表清洁、不发黏，色不发暗、不变黄、不发红，腌透无腐败气味，不生虫。如果有明显变质现象不能购买。从色泽鉴别，良质咸鱼色泽新鲜，具有光泽；次质咸鱼色泽不鲜明或暗淡；劣质咸鱼体表发黄或变红。从体表鉴别，良质咸鱼体表完整，无破肚及骨肉分离现象，体形平展，无残鳞、无污物；次质咸鱼鱼体基本完整，但可有少部分变成红色或轻度变质，有少量残鳞或污物；劣质咸鱼体表不完整，骨肉分离，残鳞及污物较多，有霉变现象。从肌肉鉴别，良质咸鱼肉质致密结实，有弹性；次质咸鱼肉质稍软，弹性差；劣质咸鱼肉质疏松易散。从气味鉴别，良质咸鱼具有咸鱼所特有的风味，咸度适中；次质咸鱼可有轻度腥臭味；劣质咸鱼具有明显的腐败臭味。

30. 干鱼是怎样制成的?

鱼的干制，是一种传统的保存鱼的方法。将新鲜鱼利用自然条件风干、晒干或者人工干制而成干鱼。干鱼是当地百姓餐桌上的佳肴，同时也是馈赠亲友的礼品。随着养殖业的发展，干鱼加工已成为农民增收致富的途径之一。

干鱼的制作根据其加工方法的不同分为淡干和咸干。淡干加工过程中，原料鱼没有用盐腌制，而是清洗后直接晾晒或风干；而咸干加工过程中，原料鱼经清洗后先用盐腌制（干盐腌渍或饱和食盐水浸泡腌渍）数日再晾晒或风干即成咸鱼。国内各地区有着不同的饮食习惯，有些地方如湖南、湖北和安徽一带的人们喜欢将鱼制成腊鱼干，将鱼采用咸干方法晒干到出油后，再用喜爱的鲜香调味料调味并密封储藏一个月即制成腊鱼干；浙江一带的百姓则喜欢用酒糟或酒对盐干鱼制品进行糟制或酿制，做成独具风味的糟鱼干，也叫醉鱼干，深受当地居民喜爱；个别地区的百姓则喜欢将新鲜鱼在腌渍之前放置一两天，使其轻微变质并自然发酵后再进行腌制，这种咸鱼晒干后具有一种奇特的霉香味（或者叫梅香味），肉质也较为松软，口感独特。

淡干的干鱼制作流程：原料鱼→宰杀（去头、内脏等）→清洗干净→干燥（人工干燥或晾晒）

咸鱼的简易制作流程：原料鱼→宰杀（去头、内脏等）→清洗干净→食盐腌渍→清水冲洗→清水浸渍脱盐→干燥（人工干燥或晾晒）

31. 鳗鱼有何营养价值?

鳗鱼，分为河鳗和海鳗，为名贵食用鱼类，营养价值高。河鳗又称白鳝、蛇鱼，其特点是含脂肪量高，胆固醇含量也较多。海鳗与河鳗相比，脂肪含量要低得多，胆固醇含量也少。鳗鱼富含多种营养成分，具有补虚养血、祛湿、抗结核等功效，是久病、虚弱、贫血、肺结核等病人的良好营养品。鳗鱼体内还含有一种很稀有的西河洛克蛋白，具有良好的强精壮肾的功效，是年轻夫妇、中老年人的保健食品。鳗鱼富含钙元素，经常食用，能使血钙值有所增加，使身体强壮。鳗鱼的肝脏含有丰富的维生素 A，是夜盲症患者的优良食品。一般成年人均可食用，特别适合于年老、体弱者及年轻夫妇食用。鳗鱼是 EPA 和 DHA 含量较高的鱼类之一，不仅可以降低血脂、抗动脉硬化、抗血栓，还能为大脑补充必要的营养素。鳗鱼的锌含量、不饱和脂肪酸含量和维生素 E 的含量都很高，且含有丰富的骨胶原，可辅助预防衰老和动脉硬化，并具有润泽皮肤、护肤美容的作用。

需要注意的是，出血性疾病患者不宜多吃。

32. 如何挑选冰鲜鱼与冰冻鱼？

①看鱼眼睛。眼珠饱满凸出，眼膜健全、透明、清亮的是鲜鱼，而不新鲜的鱼一般眼膜有血丝，眼珠不突出。②摸鱼身。鲜鱼体表新鲜，没有伤痕，没有畸形，没有不明黏液，鱼鳞片紧实，鱼肚不破。掀开鱼鳃看一看，新鲜鱼的鱼鳃是鲜红的，若鱼鳃已经发白、有许多黏液，说明鱼已经死很久了。③看鱼腹。腹部没有异常突起的是新鲜的鱼。④挤压鱼肉。挤压后鱼肉不会凹陷或凹陷下去能立即反弹的说明是新鲜的，而挤压后鱼肉凹陷迟迟不反弹的说明是不新鲜的鱼。⑤闻味道。鱼有鱼腥味，但不新鲜的鱼味道与鲜鱼还是有区别的。

33. 如何选购干鱼？

从色泽鉴别，良质干鱼外表洁净有光泽，表面无盐霜，鱼体呈白色；次质干鱼外表光泽度差，色泽稍暗；劣质干鱼体表暗淡色污，无光泽，发红或呈灰白、黄褐、浑黄色。从气味鉴别，良质干鱼具有干鱼的正常风味；次质干鱼可有轻微的异味；劣质干鱼有酸味、脂肪酸败味或腐败臭味。从组织状态鉴别，良质干鱼鱼体完整、干度足，肉质韧性好，切割刀口处平滑无裂纹、破碎和残缺现象；次质干鱼鱼体外观基本完善，但肉质韧性较差；劣质干鱼肉质疏松，有裂纹、破碎或残缺，水分含量高。

34. 鱼类的腥味是如何产生的？

鱼腥味来源分为以下几方面：

（1）鱼皮黏液和血液中的δ-氨基戊酸、δ-氨基戊醛和六氢吡啶类化合物以及鱼肉中的不饱和脂肪酸，在酶的催化下很快形成鱼腥味和脂肪氧化的哈喇味。

（2）微生物在鱼体肌肉组织中代谢繁殖，厌氧菌将广泛存在于鱼类体内的氧化三甲胺分解为三甲胺和二甲胺，形成鱼腥味。

（3）已鉴定出的腥味物质成分主要包括2-甲基异莰醇（MIB）、土腥素（geosmins）、吡嗪（IBMP）、三氯乙酸（TCA），这些物质可以通过呼吸或吸附在鱼类食物上而摄入鱼体，其吸收率取决于鱼种类、水温以及物质在水中的浓度。

35. 怎样脱除鱼类的腥味？

脱腥方法分为两大类，分别是改善养殖水环境中物质组成和鱼肉后期的加工处理。对于改变水环境物质组成的措施，主要是通过改善水质和水生生物种类来调节。研究表明，水环境中的蓝细菌与鱼体的腥味有关，因此除去蓝细菌被认为是脱除腥味的关键。而去除生鱼肉腥味的方法主要有物理法（活性炭吸附、超滤、感官掩盖）、化学法（化学处理、气体漂浮、美拉德反应、类蛋白反应）、生物法（酵母法）和复合法。消费者在鱼的烹调过程中，要把内脏充分去除，把鱼的血液尽量冲洗干净，再加些黄酒、食醋、葱、姜、蒜等调料烹调，腥味就能基本去除。

36. 带鱼有何营养？

带鱼富含脂肪、蛋白质、维生素 A、不饱和脂肪酸、磷、钙、铁、碘等多种营养成分，尤其适宜气短乏力、久病体虚、血虚头晕、营养不良以及皮肤干燥者食用。中医认为，带鱼味甘咸、性温，入脾胃经，有补虚、解毒、止血等功效，适合产后体虚、乳汁不足者食用，还有养肝补血润肤养发等功效。常吃带鱼对人体心脑血管系统也有好处，其原因主要在于：①带鱼的脂肪含量高于普通的鱼，而且是不饱和脂肪酸含量较高，具有降低胆固醇作用。②带鱼中镁元素含量丰富，对人体新陈代谢有促进作用，对心脑血管可以起到保护作用，因此心脑血管病患者可以较多食用带鱼。

37. 如何选购烤鱼片？

从产品外观鉴别，好的烤鱼片产品一般呈黄白色，色泽均匀，边沿允许略带焦黄色，鱼片平整，片型完好，组织纤维非常明显，因而应选购黄白色或呈微黄色、鱼肉组织纤维明显的产品，不要一味追求鱼片的白度。颜色非常白的产品，有可能在加工过程中使用了漂白剂或添加了淀粉类物质。应选择企业规模较大、产品质量和服务质量较好的知名企业的产品；尽量选购袋装烤鱼片；烤鱼片的保质期一般为 6 个月，消费者购买时尽量选购近期生产的产品。

38. 为什么活鱼不宜马上烹调？

鱼类死后初期，肌肉逐渐僵硬。处于僵硬状态的鱼，其肌肉组织中的蛋白质没有分解产生氨基酸，吃起来不仅感到肉质发硬，同时也不利于人体消化吸收。当鱼体进入高度僵硬后，即开始向自溶阶段转化。这时，鱼中丰富的蛋白质在蛋白酶的作用下，逐渐分解为人体容易吸收的各种氨基酸，而氨基酸是鲜味的主要成分，处于这个阶段的鱼不管用什么方法烹制，味道都是非常鲜美的。

39. 食用野生鱼比养殖鱼更安全吗？

鱼类是在水域环境中生存、生长的，因此其身体组织必然会受到环境影响。实际上，野生鱼由于活动范围广，来源不可知，受水质、摄食等危害因素影响较多，导致食用安全性得不到保证，因此不明水域来源的野生鱼类不被推荐作为可食用鱼类。人工养殖的鱼类，由于水域环境符合渔业水质，渔药、鱼饲料等的使用量及方法也符合有关国家食品安全管理规定，其质量是安全可控的。因此，食用养殖鱼类比野生鱼类更安全。

40. 鲨鱼可以食用吗？

食用国家保护的鲨鱼违法，食用养殖的鲨鱼不违法。鲨鱼被列为国家保护动物行列的品种主要有大白鲨、鲸鲨、姥鲨、鼠鲨、短尾真鲨、噬人鲨、半锯鲨、柠檬鲨等。只要鲨鱼的品种是受到《中华人民共和国野生动物保护法》保护的，那么无论是捕捞、伤害，还是食用都是违法的。现在国内市场上出售的多是专供食用的养殖鲨。

41. 鲨鱼有何营养价值?

科学家发现在所有动物中，鲨鱼是唯一不会得癌的动物。而多项研究也发现鲨鱼制品也确实对癌细胞的扩散有一定的抑制作用。除了癌症以外，对于许多发炎性及自体免疫性疾病伴随有血管异常增生的情况，如风湿性关节炎、干癣、红斑性狼疮等皆有明显的改善效果。中医认为，鲨鱼肉有益气滋阴、补虚壮腰、行水化痰的功效。鱼翅除含有多种蛋白，如软骨黏蛋白、胶原蛋白和软骨硬蛋白等，还含有降血脂、抗动脉硬化及抗凝成分。鱼翅含有丰富的胶原蛋白，有利于滋养、柔嫩皮肤，是很好的美容食品。鲨鱼肝是提取鱼肝油的主要来源。鱼肝油能增强体质、助长发育、健脑益智，增强对传染病的抵抗力以及对钙、磷吸收，可用于婴幼儿及儿童成长期补充维生素 A、维生素 D 及 DHA。

42. 鲅鱼饺子如何做?

鲅鱼饺子是胶东的风味特产，鲅鱼饺子制作的关键在于调馅。

鲅鱼饺子馅的制作方法：将新鲜鲅鱼去皮取肉，挑出鱼刺，剁成肉泥，加入五花肉沫、韭菜末，再加少量香油，然后根据个人口味加入适量盐、胡椒等调味料，拌匀即成。

43. 金鲳和银鲳有何区别？

市面上常见的鲳鱼有两种，一种金鲳，一种银鲳。同是鲳鱼，价格却相差很大，银鲳的价格是金鲳的几倍。它们之间有何不同吗？

从外形上看，金鲳和银鲳很像，最大的区别就是金鲳腹部、鱼鳍处带金黄色，而银鲳体色带青绿或银灰。但从分类学来讲，金鲳和银鲳不属于一家。金鲳，学名卵形鲳鲹，地方名称黄腊鲳、金鲳、黄腊鲹，隶属于鲈形目鲹科鲳鲹属。银鲳，地方名为车片鱼、白鲳、鲳鱼、镜鱼等，隶属于鲈形目鲳科鲳属。

金鲳是生长在热带和亚热带沿海的暖水性鱼类，早在20世纪90年代就已经开始人工养殖，如今养殖技术已经比较成熟，主产区为广东、海南、广西等地。金鲳不挑食，生长速度很快，因此产量也大。而银鲳的养殖技术还不成熟，多为海捕，且生长速度比金鲳慢很多，两年才能长半斤，因此价格也比金鲳贵很多。

从营养上来讲，金鲳和银鲳差别不大，都是高营养的鱼类食品。但从口感上来说，银鲳比金鲳口感更细腻，市面上的金鲳多为养殖产品，脂肪含量比较高，口感较肥。

银鲳（左）和金鲳（右）

44. 鱼脑有什么特殊的营养成分和功效？

鱼脑中含有丰富的多不饱和脂肪酸和磷脂类物质，这些物质有助于婴儿大脑的发育，并具有延缓大脑衰老、辅助治疗阿尔茨海默病的作用。但鱼脑中也含有较多的胆固醇，因此不宜多吃。

45. 鱼肠能吃吗？

鱼肠是高蛋白低脂肪原料，但大个体鱼的鱼肠才有食用价值。因为鱼类所吃的食物都要经过鱼肠消化，所以它是鱼的身体里受污染程度比较重的器官，食用前要把肠里面的东西去除干净。

46. 烹调鲐鱼应注意什么？

鲐鱼中组胺过量引起食物中毒的现象较多，世界各地时有发生。当人体摄入组胺量超过 100 mg 时，即可引起过敏性食物中毒，轻症表现为面色潮红、头昏、恶心、心悸、胸闷、全身出现荨麻疹等，急重患者出现晕厥、血压降低等症状，重症可致死亡。因此，如何避免食用鲐鱼中毒至关重要。首先应保证鲐鱼原料的新鲜度，尽量食用鲜度较好的鲐鱼，避免食用腐败变质的鲐鱼。其次，在原料购买后，应尽快去除鲐鱼内脏，清洗干净后建议将鲐鱼置于清水中浸泡一段时间，以去除体内残血，减少过敏原。也有美食家建议在烹调鲐鱼时加入适量雪里蕻同煮，可降低组胺含量，但有待验证。

47. 黄鳝与鳗鱼有何亲缘关系？黄鳝为什么要吃活的？

黄鳝与鳗鱼外形相似，但无亲缘关系，而与鲈形目鱼类有近缘。

黄鳝俗称鳝鱼、长鱼、蛇鱼等，属合鳃鱼目合鳃鱼科黄鳝属，产于热带淡水或咸淡水水域。黄鳝是一种高蛋白、低脂肪的滋补性食物，不但味道鲜美、营养丰富，而且具有一定的药用价值。黄鳝的肉、皮、骨、血都可入药，具有补虚损、强壮筋骨、疏散风湿、补血、补气、消炎等功效。在中国民间有“小暑黄鳝赛人参”之说。

黄鳝因肉质细嫩、味道鲜美、营养价值高而广受人们喜爱，但食用黄鳝必须注意，鳝鱼只能吃鲜活的，现宰现烹，切忌吃死黄鳝。因为黄鳝的蛋白质结构中含有很多组氨酸，黄鳝死后，蛋白质分解释放出大量组氨酸，在细菌作用下，组氨酸会很快转变为具有毒性的组胺，人食用后会引起食物中毒，轻则头晕、头痛、心慌、胸闷，重则会出现呼吸急迫、心跳加速、血压下降等症状。

此外，在食用黄鳝过程中还需注意，黄鳝的血清中含有毒素，如果人们的手指上有伤口，一旦接触到鳝鱼血，会使伤口发炎、化脓。瘙痒性皮肤病、红斑狼疮、肠胃不佳者忌食。

48. 如何选购带鱼？

选购带鱼，可以根据以下几方面鉴别：①体表富有光泽，鳞片齐全且不易脱落，鱼翅齐全，无破肚和断头现象。②眼球饱满，角膜透明。③肌肉厚实，富有弹性。

49. 鲅鱼如何选购？

鲅鱼属于鲈形目鲅科马鲛属，学名为蓝点马鲛，俗称燕鱼、青箭等，为暖水大洋中上层鱼类，通常集群进行远程洄游。鲅鱼在我国的东海、黄海和渤海都有分布，每年春、夏两季为鱼汛期，近年来已成为南海海域的重要海水养殖鱼类。鲅鱼肉质结实，味道鲜美，含脂量高，是上等的食用鱼类，常被做成马鲛鱼饺子、包子、熏制马鲛鱼等地方特色食品。

鲅鱼在选购时，鲜度要求很高，应选择肌肉结实有弹性、色泽鲜艳光泽好、眼球透明无凹陷无浑浊、鱼鳃鲜红且黏液透明、鱼体表面没有划伤（或仅有个别长度小于 2 cm 轻微划伤）、新鲜无异味的鲅鱼作原料，严禁食用腐败变质、有异味的鲅鱼，避免发生组胺中毒事件。此外，这种鱼的肝油有毒，因此，食用时必须将肝去除，方可食用。

50. 深海鲐鱼如何选购？

鲐鱼隶属于鲈形目鲭科鲐属，又名鲐巴鱼、青花鱼、油筒鱼等，为远洋暖水性中、上层深海鱼类。体粗壮微扁，呈纺锤形，一般体长 20～40 cm，头呈圆锥形，眼大，眼睑发达，口大，上颌与下颌等长，体被细小圆鳞，背鳍两个，背为青黑色，有不规则的深蓝色的斑纹，腹部白微带黄色，侧线明显。

鲐鱼是很好的食用鱼类，其肉质紧实，刺少，可食部分较多，且营养丰富，特别是脂肪含量很高，尤其是 EPA 和 DHA 含量极高。鲐鱼系海水鱼，皮下肌肉的血管系统比较发达，血红蛋白含量高，有青皮红肉的特点。鲐鱼死后，其组织中的组氨酸极易在摩尔根氏变形杆菌、组胺无色菌等微生物作用下形成具有毒性作用的组胺，因此在购买时一定要选择新鲜的鲐鱼。新鲜鲐鱼的特点：体表花纹明显无黏液，并富有光泽；眼睛清晰不混浊，眼球饱满不凹陷；鳃体呈暗红色，无异味，有透明均匀的黏液覆盖，鳃丝清晰；内脏清楚不糊状，鱼肚不鼓起，在肛门处无内肠流出。

51. 如何选购鲳鱼?

选购鲳鱼，可以从体表、鱼鳃、鱼眼和肌肉等部位去观察：①体表。质量好的鲳鱼，鳞片紧贴鱼身，鱼体坚挺，有光泽；质量差的鲳鱼，鳞片松弛易脱落，鱼体光泽少或无光泽。②鱼鳃。质量好的鲳鱼，揭开鳃盖，鳃丝呈紫红色或红色清晰明亮；质量差的鲳鱼，鳃丝呈暗紫色或灰红色，有混浊现象，并有轻微的异味。③鱼眼。质量好的鲳鱼，眼球饱满，角膜透明；质量差的鲳鱼，眼球凹陷，角膜较混浊。④肌肉。质量好的鲳鱼，肉质致密，手触弹性好；质量差的鲳鱼，肉质疏松，手触弹性差。

52. “长江三鲜”之一的鲚鱼，你了解吗?

鲚鱼，俗称刀鱼，隶属鲱形目鳀科鲚属，又名凤鲚、刀鲚、凤尾鱼、梅鲚等，为江海洄游性鱼类。成鱼生活在海中，每年春季溯江而上在淡水中产卵繁殖，在我国长江、黄河、钱塘江以及其他通海河流均有分布，以长江下游产量最高。因体型狭长侧扁，颇似尖刀，因此得名。鲚鱼是一种名贵的鱼，肉质细嫩、酥软，味道鲜美，与长江鲥鱼、河豚并称“长江三鲜”，其嫩骨松脆异常，所含钙质易于吸收，且含有丰富的能够改善人体神经功能的活性氨基酸（γ-氨基丁酸），是上好的滋补品。

鲚鱼的选购要观察鱼鳞、鱼鳃、鱼眼等部位，并检查其气味。①鱼鳞。越新鲜的鲚鱼，其鳞片紧贴鱼体、有光泽；不新鲜的鲚鱼其鳞片松弛、易脱落、体表光泽差。②鱼鳃。新鲜鲚鱼的鳃丝呈枯黄色，并清晰明亮；不新鲜的鲚鱼，其鳃丝呈淡黄色，并有粘连的现象。③鱼眼。新鲜鲚鱼的眼球饱满，清晰透明；不新鲜的鲚鱼眼球平坦或稍凹陷、稍混浊。④气味。新鲜鲚鱼无异味，死后放置越久异味越重。

53. 鲐鱼与鲅鱼如何区别?

鲐鱼和鲅鱼都属于辐鳍鱼纲鲈形目鲭亚目海水鱼类，且身体结构、外形、生活习性、分布区域和经济价值等均有很大的相似性，所以经常被误认为是同一种鱼，通称为鲐鲅鱼。但是它们还是有一些显而易见的区别，专业人士一般会将它们分别称为鲐鱼和鲅鱼，二者的主要区别在于：①外形。鲐鱼体型偏向于呈椭圆形，即形体粗短、呈梭状，鱼体较高；而鲅鱼体形偏向于细长形，即形体细长，呈圆状，鱼体较矮。②鱼鳍。鲐鱼和鲅鱼的鱼鳍有着较明显的差别，鲐鱼的两个背鳍间距较远，而鲅鱼的两个背鳍紧靠着；鲐鱼的背鳍比鲅鱼短，鲐鱼背鳍只有9～10根鳍棘，而鲅鱼有19～20根；鲐鱼尾鳍上下的小脂鳍数量比鲅鱼稍少，其中鲐鱼尾鳍上下各有5个小脂鳍，而鲅鱼各有8～9个小脂鳍。③肤色。鲐鱼背部一般呈青黑色，有不规则的深蓝色斑纹，腹部淡黄色；而鲅鱼背部则呈黑蓝色，伴有许多黑色圆形斑点，腹侧为银灰色，腹部为灰白色。

54. 鲱鱼，又称青鱼，如何选购?

鲱鱼，俗称青鱼（鲭鱼），属于鳍鱼纲鲱形目鲱科鲱属。鲱鱼是世界重要经济鱼类之一，为冷水性中上层鱼类，主要分布在大西洋和太平洋，我国黄海、渤海也有少量生产。鲱鱼肉质鲜嫩，富含脂肪，尤其是不饱和脂肪酸较多，被称为营养保健鱼，具有降血脂、降低胆固醇的辅助疗效。

鲱鱼的选购须从以下几方面注意观察：①新鲜鲱鱼背侧呈蓝黑色，腹侧呈银白色，体表有光泽。②新鲜鲱鱼的鱼鳃色泽鲜红，鳃丝清晰，而不新鲜的鲱鱼则鱼鳃呈暗红或暗紫色，鳃丝粘连，有腥臭味。③新鲜的鲱鱼眼球饱满凸出，角膜透明，而不新鲜的鲱鱼眼球平坦或稍陷，角膜混浊。④新鲜鲱鱼肉质坚实有弹性，而不够新鲜的鱼肉则松弛，手指触压有凹坑。⑤鲱鱼腹部脂肪多，纤维质少，容易破肚而造成内脏外溢并影响成品质量，因此挑选鲱鱼时选择腹部无破损、肛门紧缩无内脏外溢的鱼。

55. 如何清理三文鱼鱼片刺身?

由于三文鱼生长在冰冷的深海海水里，鱼油含量十分丰富，因此当一整块新鲜的三文鱼摆在面前时，要注意千万不要用水清洗，越用水清洗油脂会分泌得越多。正确的操作方法是用厨房中的吸油纸轻轻吸附其表面的油脂。

56. 池鱼（蓝圆鲹）如何选购?

池鱼学名蓝圆鲹，又名棍子鱼、滚子鱼、刺巴鱼、巴浪鱼等，广东人称之为池鱼，隶属鲈形目鲹科圆鲹属，喜暖水性海域的中上位置，广泛分布于东海、黄海和南海海域，是东海和南海的主要经济鱼类，产量丰富，高蛋白低脂肪，具有营养价值及经济价值均较高的特点，且物美价廉、肉质细腻结实、味道鲜美，因此深受消费者喜爱。但池鱼极易腐败变质，且其属于青皮红肉鱼类，因而在贮藏不当的情况下极易产生组胺等有毒有害物质，因此在选购时要注意其鲜度。池鱼的鲜度可以从体表、鱼鳃、鱼眼、肌肉等部位鉴别：①体表。新鲜池鱼体表发亮有光泽，鳞片完整无脱落。②鱼鳃。新鲜池鱼鳃丝鲜红无异臭。③鱼眼。新鲜池鱼眼球饱满、凸出，角膜透明，无凹陷、不浑浊。④肌肉。新鲜池鱼肌肉结实有弹性，触感好，不松弛，鱼肚无破损、无内脏外溢，肛门紧缩。

57. 湟鱼、鳇鱼和黄鱼是一种鱼吗？都是海鱼吗？

湟鱼、鳇鱼和黄鱼是一种鱼吗？答案是：非也。它们是三种鱼。那么都是海鱼吗？

湟鱼又名青海湖裸鲤，产于青海湖，属脊椎动物亚门硬骨鱼纲辐鳍亚纲鲤形目鲤科裂腹鱼亚科裸鲤属，是青海湖水域长期地理隔离所演化而来的冷水性咸淡水特有鱼种，是适应高原寒冷环境的裂腹鱼类和国家二级保护珍贵鱼类。湟鱼体质粗壮肥满，肉质鲜嫩丰腴，营养丰富，含粗脂肪量为7.1%，含粗蛋白量高达18.3%，风味独特，兼具海鲜和淡水鱼的风味，具有很高的经济价值。湟鱼虽味道鲜美，但需要注意的是，湟鱼在繁殖季节其卵巢和精巢是有毒的，除此之外，其腹膜也是有毒的，如不清除干净，食用后轻则头晕重则腹泻，甚至导致死亡。因此，无论食用鲜鱼还是干制品，均要去内脏及腹膜，以防中毒。新鲜湟鱼鳃丝鲜红，黏液清晰；具有湟鱼的固有气味；眼球饱满凸出，角膜透明；肉质坚实，手触有良好的弹性；腹部不膨胀，肛门紧缩。反之，鳃丝灰红、黏液稍浑浊、眼球平坦或凹陷、角膜混浊、肉质松弛弹性差、腹部膨胀、肠外溢、肛门凸出、闻起来有异味的湟鱼则不够新鲜，在选购时须注意。

鳇鱼与鲟鱼一起是现存2万多种鱼类中最古老的鱼种，同属于硬骨鱼纲、鲟形目鲟科，主要分布在黑龙江一带的淡水流域，是淡水鱼中体型最大的鱼类。鳇鱼与鲟鱼体型相似，初观不易分辨，因此统称鲟鳇鱼。鳇鱼肉质鲜美，营养丰富，含有丰富的矿物质、氨基酸、脂肪酸和维生素。

黄鱼，分为大黄鱼和小黄鱼，统称黄鱼，均属硬骨鱼纲鲈形目石首鱼科黄鱼属，鱼头中有两颗坚硬的石头——鱼脑石，故又名“石首鱼”，又名黄花鱼、石头鱼、黄瓜鱼，为传统“四大海产”（大黄鱼、小黄鱼、带鱼、乌贼）之一，是我国近海主要经济鱼类。大黄鱼又称大鲜、大黄花、桂花黄鱼。小黄鱼又称小鲜、小黄花、小黄瓜鱼。

58. 大黄鱼和小黄鱼如何区分？

不少人误以为大黄鱼和小黄鱼是同一种鱼，只是个头大小不同而已。但事实上，虽然它们同属于石首鱼科黄鱼属，头骨都有一堆晶莹洁白的耳石，但它们不是同一种鱼，只是黄鱼属中的两个血缘较近的种类。

大黄鱼和小黄鱼体型相似，如要区分二者，需要仔细辨别。它们外形上的区别在于：①大黄鱼头部和眼睛都很大，而小黄鱼头部较长，眼睛较小。②大黄鱼尾柄长而窄，长度是高度的3倍多，而小黄鱼的尾柄短而宽，长度是高度的2倍多。③大黄鱼鳞片较小，背鳍和侧线之间有8～9行的鱼鳞，而小黄鱼的鱼鳞片较大，背鳍和侧线之间只有5～6行鳞片。④小黄鱼体背较高，头较长，尾柄相对略高，眼睛则相对较小。⑤大黄鱼的下唇长于上唇，口闭时较圆，而小黄鱼上、下唇等长，口闭时较尖。⑥脊椎骨数量不同。在吃掉鱼肉之后，比较二者的脊椎骨数量，大黄鱼的脊柱骨数为25～27块，一般26块，而小黄鱼有脊椎骨28～30块，一般29块，即大黄鱼的脊椎骨数量一般少于小黄鱼3块左右。

大黄鱼

59. 黄鱼（黄花鱼）有何营养价值？

黄鱼是我国重要经济海产之一，可分为大小黄鱼两种。黄鱼含有丰富的蛋白质，EPA、DHA等不饱和脂肪酸，矿物质和维生素，是我国传统的滋补海产品，具有很高的药用价值，对人体有很好的滋补作用，尤其是对体质虚弱的人与中老年人食疗效果更佳。同时黄鱼中还富含丰富的微量元素硒，可以很好地清除人体代谢产生的自由基，具有延缓衰老、预防癌症的功效。黄鱼全身都是宝。除了鱼肉外，其耳石具有清热去瘀、通淋利尿、解毒的功效；鱼胆可用于解毒，还可以平肝降脂；鱼鳔则有润肺健脾、补气止血之功效。传统中医认为，黄鱼可以健脾开胃、安神止痢、益气填精，对贫血、失眠、头晕、食欲不振及改善孕产后女性体虚有很好的疗效。但须注意的是，大黄鱼虽适合大多数人食用，但因其是发物，所以哮喘患者与过敏体质的人应谨慎食用。

60. 如何选购和烹饪黄鱼？

选购方法：黄鱼是海鱼，离水即死。因此市场上一般无法买到活鱼，多为冰冻或冰鲜鱼，所以选购时要关注其新鲜度。一般鱼眼较凸、鱼鳃呈现红色、鱼肉紧实的即为新鲜黄鱼；相反，鱼眼凹陷、鱼鳃呈现暗红色、鱼肉松软的鱼，新鲜程度就有所下降。大黄鱼的肉质肥厚但却略显粗老，小黄鱼的肉质鲜美嫩滑但鱼刺稍多，食客们可以根据自己的喜好选购不同的鱼种，餐厅选用以大黄鱼为多。

烹饪方法：黄鱼的做法很多，可清炖、红烧、生炒、盐渍、蒸制等，能烹调出几十种风味各异的美味菜肴。其中咸菜大黄鱼就是浙江舟山人餐桌上常见的待客家常菜，松鼠黄鱼则是上海传统菜肴的代表。黄鱼的鳔经加工可成为名贵的海珍品鱼肚，是餐桌上的佳肴。

61. 黄姑鱼是黄花鱼吗？二者有什么关系？

答案是：黄姑鱼不是黄花鱼。

从鱼类分类学来讲，黄姑鱼和黄花鱼都属硬骨鱼纲鲈形目石首鱼科，但却不是同一属。黄姑鱼隶属黄姑鱼属，而黄花鱼隶属黄鱼属。

黄姑鱼和黄花鱼都是常见食用鱼类，在各地市场上均有出售，虽然名字只相差一个字，但味道与价格却相差甚大。黄姑鱼的肉质较粗且松软，而黄花鱼肉质嫩滑呈蒜瓣状，且味道鲜美，其肉质嫩滑鲜美程度远高于黄姑鱼，因此黄花鱼的价格通常比黄姑鱼的价格高 2 倍还多。

黄姑鱼和黄花鱼体形相似，非专业人员不懂区分的话，容易错认黄姑鱼为黄花鱼。如何区别黄姑鱼和黄花鱼呢？大黄鱼鱼体呈长椭圆形，侧扁，背侧中央枕骨刺不明显，尾柄呈细长状，体呈黄褐色，腹面呈金黄色，鱼鳍呈黄色或灰黄色，唇呈橘红色，背鳍与臀鳍的鳍条基部 2/3 以上披小圆鳞。

黄姑鱼又名罗鱼、铜罗鱼、花蜮鱼、黄婆鸡、黄姑子、黄鲞、皮蜮、春水鱼。鱼体延长侧扁，背部稍稍隆起，略呈弧形。成鱼体长 20～30 cm，头较小，尾部稍短，体背部呈浅灰色，两侧为浅黄色，胸、腹及臀鳍基部略带红色或呈橙黄色，有多条黑褐色波状细纹斜向前方，尾鳍呈楔形。

62. 怎么煎鱼不粘锅?

鱼肉细嫩、纤维组织不紧密，导热性差，煎鱼时经常发生鱼皮粘锅的现象。所以，如果想避免粘锅，就要掌握鱼鲜、锅热、油少、火温、少翻搅等要领。具体操作方法如下：

（1）煎鱼前将锅洗净、擦干、烧热后再放油，稍稍转动煎锅，让锅的四周布满油。待油烧热后，将鱼放入，鱼皮煎至金黄色时再翻动，这样鱼就不会粘锅。如果油不热就放鱼，就容易使鱼皮粘在锅上。

（2）将锅洗净后烧干，关火。然后用鲜姜或姜汁在锅底涂上一层，再放油加热，油热后放鱼，这样也不粘锅。

（3）将鱼在煎之前用细盐、料酒腌渍一下再放入油锅，这样也可以使鱼皮不粘锅。

（4）在洗净的鱼体表面薄薄沾上一层面粉，待锅里油热后，再将鱼放进去，煎至金黄色再翻煎另一面。这样煎出的鱼块完整，也不会粘锅。

（5）将洗净的鱼放入打碎的鸡蛋浆中，使鱼裹上一层蛋汁，然后再放入热油锅中煎，这样也可以使鱼皮不粘锅。

（6）下锅前，在鱼体上抹少量油，放入热油锅后改小火，什么鱼都能煎好，焦黄、完整，绝不粘锅。

（7）若喜欢食醋的口感，可以在煎鱼时给鱼体上涂些食醋，也可防止粘锅。

（8）加白糖也可以防粘锅。油热得差不多时在锅里放入少量白糖，等白糖色呈微黄时，再将鱼放进去，这样煎出的鱼既不粘锅又色美味香。

63. 怎么烧鱼不碎?

烧鱼时要想防止鱼肉碎掉应注意以下几点：

（1）前述提到的可以防止鱼皮粘锅的方法都可以预防鱼肉碎掉。

（2）烧煮之前，根据个人喜好，可以先将鱼炸一下，炸到鱼皮泛黄即可。

（3）烧煮过程中火不宜过大，汤不宜过多，淹没鱼体即可。待汤烧开之后改用文火慢炖。

（4）烧煮过程中尽量少翻动鱼身。

64. 如何挑选和烹调多春鱼?

多春鱼，因肚子中鱼卵很多，故得此名（中国南方方言中，把蛋和卵称为春）。我们平常所说的多春鱼并不特指某一种鱼，而是泛指胡瓜鱼目胡瓜鱼科下属的一类鱼，大多体型狭长。常见的多春鱼主要有以下三种：

（1）长体油胡瓜鱼。又叫柳叶鱼，属于胡瓜鱼目胡瓜鱼科油胡瓜鱼属，只产于日本北海道的深海。体长约 15 cm，侧扁，眼大，鳞小。

（2）毛鳞鱼。又叫桦太柳叶鱼，英文名 capelin，属胡瓜鱼科毛鳞鱼属，分布于北冰洋、大西洋、北太平洋，主要产自冰岛、挪威、加拿大等国，体长 20～25 cm，渔获量巨大，是我们平常最常吃到的多春鱼品种。

（3）油胡瓜鱼。英文名 longfin smelt，也叫长鳍油胡瓜鱼，主要分布于北美太平洋沿岸，体长约 20 cm，国内市面上并不多见。

选购须知：多春鱼最大的特点就是肚子里多子，因此在挑选时应选肚子鼓鼓的鱼。当然最重要的仍是新鲜度。新鲜的多春鱼角膜透明清亮，富有弹性；鳃丝清晰呈鲜红色，黏液透明；鳞片有光泽，不易脱落；肌肉坚实有弹性。

清洗时须注意，多春鱼因鱼子太多，清洗时不能像清洗普通鱼一样破肚清洗，应从鱼鳃处下手，将鱼鳃拉出来的同时带出鱼肠即可。

多春鱼最适合烧烤和煎炸，鱼刺在高温下变得酥脆，可以和鱼肉一起吃下。

65. 煎鱼时怎样防止溅油?

水分太多是溅油的主要原因，因此要想防止溅油，须首先将锅、锅铲等一应工具全部抹干水分，然后将要煎炸的鱼体表面水分风干或者用厨房用纸吸干再下锅。

除了做到这点外，也可以通过以下几种小办法防止溅油：①可以在油锅中加入少许盐，再放鱼煎炸。②鱼下锅时油不要烧太热，七成热即可，既不粘锅又不溅油。③鱼下锅时不要直接扔到热油中间，要从锅边缘轻轻地滑入，可以减少溅油。

66. 咸鱼致癌吗？吃还是不吃？

在盛产水产品的地方，很多人都喜欢吃咸鱼。咸鱼肉质结实，咸而香，可蒸、炖、煎、炒、焖、煲汤以及切粒作为配料用于炒饭等，具有开胃、下饭的效果，可谓咸香诱人，令人喜食。

但随着人们对饮食健康的不断关注，近年来开始提倡少吃盐、吃新鲜鱼等健康理念，对咸鱼的食用安全性也有针对性地开展了一些研究。美国学者对中国香港进行调查研究后发现，当地人常吃的咸鱼可引发癌症。国内有关研究也发现，从幼年开始食用咸鱼的人发生鼻咽癌的概率较一般人高。当然，并不是说吃了咸鱼就会得癌症，偶尔少量食用咸鱼是不会对人体产生危害的。只是说，从孩提时代开始吃的话得癌症的概率相对要高一些。

为什么咸鱼可以致癌呢？因为咸鱼中含有一类强致癌物——*N*-亚硝基化合物。新鲜鱼体中并没有*N*-亚硝基化合物，它是在咸鱼加工过程尤其是腌渍过程中产生的，是由腌渍过程中使用的粗盐中含有的亚硝酸盐与鱼肉中蛋白质降解产生的胺类物质结合而生成的，包括*N*-亚硝胺、*N*-亚硝酰胺两大类。大量动物实验表明，挥发性*N*-亚硝胺可能使人类致癌。国际癌症研究机构（international agency for research on cancer，IARC）认为*N*-二甲基亚硝胺（NDMA）和*N*-二乙基亚硝胺（NDEA）是最有可能导致人类致癌的物质。我国国家标准GB 2762—2012对水产制品（水产品罐头除外）中的*N*-亚硝胺指标进行了调整，将国家标准GB 2762—2005中分项规定的*N*-二甲基亚硝胺和*N*-二乙基亚硝胺2个指标调整成了*N*-二甲基亚硝胺1个指标，相应地，“*N*-亚硝胺”指标的名称也被调整为“*N*-二甲基亚硝胺”，规定其含量不能超过4.0 μg/kg，修订前的国家标准GB 2762—2005中规定海产品中*N*-二甲基亚硝胺含量不超过4.0 μg/kg、*N*-二乙基亚硝胺含量不超过7.0 μg/kg。GB 2762—2017又新增了干制水产品中*N*-二甲基亚硝胺限量，为4.0 μg/kg。

从科学健康的角度出发，应尽量少吃或不吃咸鱼，并避免婴幼儿进食咸鱼。对于咸鱼偏好者，吃的次数也应相对减少，吃咸鱼时同时配合富含维生素C的蔬菜一起食用。因维生素C能与亚硝胺发生还原反应，阻止亚硝胺的形成。总之，为了身体健康着想，要多选鲜鱼食用尽量少食咸鱼，尤其是不食或少食腐烂的霉香咸鱼。

67. 鱼糜是如何生产的？

我国是世界上最大的渔业国，海产资源丰富，小杂鱼和低值鱼占海洋渔获量的60%～70%，其中相当大的部分用于生产鱼粉或直接作为饲料使用，利用价值低。为了解决小杂鱼和低值鱼利用率与价值较低的问题，将其作为原料生产冷冻鱼糜，再进一步加工成不同风味的鱼糜制品，既能作为即食品直接食用，也可以作为食材原料做成其他产品，可提高其经济价值及鱼类资源利用率。鱼糜具有营养价值高、脂肪含量低、口感Q弹等特点。如今，鱼糜作为现代渔业的高科技产物，也成为了世界性广泛利用的食材原料，无论是居家餐饮还是被加工成的速食产品都非常受欢迎。

鱼糜生产的基本工艺流程包括原料鱼预处理、采肉、漂洗、脱水、斩拌(加入辅料)、定量包装或进一步加工成其他制品。其中，漂洗和斩拌是影响鱼糜制品凝胶强度的重要环节。鱼糜制作工艺操作要点如下：

(1) 原料鱼的预处理。低温状态下除去鱼鳞、鱼头、鱼尾、内脏和内膜等，用冷水洗涤2～3次，水温保持在10℃左右。

(2) 采肉。使用器械将鱼肉分离开来，可采用人工操作也可以使用采肉机进行机械操作。

(3) 漂洗。漂洗可除去血液、尿素、色素、脂肪、水溶性蛋白、酶和一些含氮化合物，达到改良鱼糜的色泽、气味及组织特性的目的；漂洗还可浓缩肌纤凝蛋白，以提高肌纤凝蛋白的浓度，使鱼糜富有弹性。在漂洗过程中，应考虑温度、pH、时间、漂洗水量等因素对弹性的影响。

① 温度的影响。提高漂洗温度有利于水溶性蛋白成分溶出，提高盐溶性蛋白的含量。但温度过高会引起鱼肉蛋白质变性，溶解度变小。因此漂洗水温一般应控制在0～10℃。

② pH的影响。新鲜鱼肉的pH在6.5左右，随着鲜度的下降，鱼肉的pH逐渐升高。鱼肉的pH如若超过7.3会使鱼肉和水的结合很牢，导致脱水困难，由此生产出来的鱼糜质量较差。在漂洗水中稍加一点酸（如醋酸、柠檬酸等）可降低pH，使鱼肉和水的结合变得脆弱，更加容易脱水。当漂洗水的pH接近肌纤凝蛋白的等电点（pH=5）时，肌肉蛋白大量聚合变性，鱼肉出现收缩，脱水虽变得容易，但会导致鱼糜的弹性变差，因此漂洗pH也不宜太低。最佳的漂洗pH应保持在6～7范围内。

③ 时间的影响。漂洗时间长短对鱼糜的弹性也存在不同程度的影响。漂洗时间太长，会使鱼肉膨胀，难以脱水；漂洗时间太短，水溶性成分难以被充分漂洗除去。一般漂洗时间建议10 min为宜。

④ 用水量的影响。漂洗用水量越多，鱼糜的质量越好。同一种原料，漂洗用水量不同，会使同一原料的凝胶形成能力不同，用10倍于原料质量的水漂洗，得到的鱼糜质量最好，7倍量水次之，5倍量水再次之。一般用水量为原料重量的5～10倍，反复漂洗2～3次，每次5～10 min。在最后一次漂洗时

添加0.05%～0.1 %食盐（对水重），可使漂洗中膨胀的肌肉收缩脱水。漂洗去除了部分水溶性蛋白，改变了鱼肉的组成，提高了肌纤凝蛋白的含量，从而改善了鱼糜的弹性。

（4）脱水。冷冻鱼糜有明确的水分含量限定。脱水不仅可以去除水溶性蛋白质，更重要的是可提高产品质量。目前，主要用于鱼糜脱水的机械有螺旋压榨机和离心机两种。鱼糜脱水结果除了受漂洗过程中化学因素的影响外，还有机械因素，如物料进料速度，以及人为因素，如操作不当等。

（5）斩拌，也叫擂溃。先空擂3 min，再加盐斩拌10 min，然后再加入一些辅料（蔗糖、山梨糖醇、多聚磷酸钠以及葱、姜、青菜等其他配料），在斩拌机或夹套冷却式混合机中进行斩拌，斩拌过程中，加冰使温度控制在0～10 ℃。斩拌机斩拌时间为2～3 min，夹套冷却式混合机斩拌时间为5 min左右。

（6）定量包装，冷冻贮藏。斩拌后鱼糜即初步制成，可以直接定量包装后冷冻贮藏起来，也可以直接用于鱼丸、鱼糕、灌肠等产品的进一步加工生产。

68. 中国鱼糕的由来是怎样的?

鱼糕也是鱼糜制品的一种，其传统制作方法：取鱼肉剁成肉泥后，加入水和盐搅拌均匀，最后放入碗中蒸熟即可。鱼糕营养丰富，鲜爽嫩滑，且食用方便，配以不同花色的辅料，如蔬菜、水果等，可以制成不同风味产品，深受消费者喜爱。在国内以湖北一带较为常见，在国际上尤以日本和中国台湾地区的销量大。

鱼糕作为湖北荆州地区的八大名肴之一，其历史相当久远。据楚网报道称，鱼糕的发明源自以下两个传说：

一说，楚国是鱼糕发源地。相传，楚国都城纪南城有一专做鱼类菜肴的酒店，因盛夏某日剩鱼较多，为防止鱼腐败变质，店家便将剩鱼取出去骨，将鱼肉剁碎成泥，然后加入鸡蛋与一些豆粉和白酒，搅成糕状，蒸熟，第二日再热了后浇上佐料，供客人食用，结果反响非常好。自此，鱼糕制作方法历经各种改良，辅以多种辅料，越做越精美，流传至今。

二说，鱼糕乃舜帝妃子女英所创。相传，舜帝的妃子娥皇病中想吃鱼，但又讨厌鱼刺，于是妃子女英在渔民指导下，用鱼、肉、莲子粉等蒸成鱼糕，娥皇吃后病情快速好转，令舜帝大为赞赏。自此，鱼糕在荆楚一带广为流传，并于春秋战国时期就已成为宫廷菜肴。

如今的鱼糕，不仅保留着传统工艺，还融入了现代食品的加工与贮藏保鲜技术，外观精美，风味多样，广受消费者喜爱。

69. 影响鱼丸弹性的因素有哪些?

优质鱼丸的关键是具有良好的弹性。虽然并不提倡鱼丸越弹越好这种观点，但鱼丸入口的Q弹感觉确是鱼丸必不可少的优点。究竟有哪些因素会影响鱼丸的弹性呢?

(1) 与鱼的种类有关。 不同种类的鱼其鱼肉蛋白质含量和脂肪含量差异较大。蛋白质是鱼丸弹性形成的关键所在，鱼体中的肌球蛋白可以通过二硫键、疏水作用、静电相互作用、转谷氨酰胺酶的交联作用等形成具有空间三维网络结构的凝胶体，因此蛋白质含量高的鱼一般制成的鱼糜弹性较好。而多脂鱼因为鱼肉中的脂肪分子夹在蛋白质网状结构中，致使网状结构易散开，从而降低了凝胶体的弹性，因此多脂鱼所制成的鱼丸一般弹性较弱。但这并不是绝对的。部分多脂鱼如蓝鳍金枪鱼因含有大量肌球蛋白，虽脂肪含量也高但仍可制出弹性好的鱼丸。

(2) 与鱼的新鲜度有关。 一般情况下，新鲜的鱼肉可制成弹性很好的鱼丸，随着鱼肉新鲜程度的下降，鱼丸的弹性也会下降。

(3) 与鱼糜制作过程中的操作条件有关。 上述鱼糜生产工艺中提到的漂洗、脱水、斩拌等工艺相关因素，如水温、漂洗时间、斩拌中添加的食盐的量等，都是影响鱼丸弹性的至关重要的因素。

(4) 与鱼丸熟制条件有关。 据报道，当鱼丸加热温度在80～100 ℃时，加热时间对鱼丸弹性强度无明显影响；但当温度为110 ℃以上时，加热6 min时鱼丸的弹性最强，随着加热时间的增加鱼丸的弹性则不断下降。

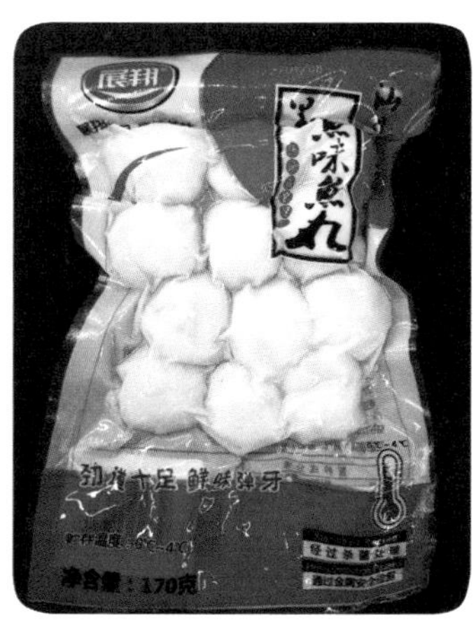

70. 鱼松是如何生产的?

鱼松是一种以鱼肉为原料制成的美味食品，因其外形似绒毛，松软可口，故此得名。鱼松富含蛋白质和矿物质元素钙，且蛋白质多为可溶性蛋白质易于消化吸收，有壮骨和促进儿童生长发育的功效，因此成为婴幼儿及老年人补充营养的良好食品，在婴幼儿断奶后的替代食品中也名列前茅。

无论海水鱼，还是淡水鱼，都能用来做鱼松。不同种类的鱼制成的鱼松质量有所差别，其中以白肉鱼为原料做出的鱼松最好。鱼松的制作包括以下步骤：

（1）**原料鱼预处理。**新鲜原料鱼去头、去尾、去鳞、去内脏，清洗干净。

（2）**蒸（煮）熟去骨取肉。**大型鱼类蒸熟，小型鱼类用水煮熟，将鱼晾冷后，剥皮、去骨、去刺。

（3）**炒肉松。**把鱼肉放到净锅里，用木槌反复捶捣至鱼肉碎烂，再用文火加热翻炒至半干（此时肉松呈纤维状，捏在手上能自行松开），取出，摊开晾干。

（4）**调味再炒。**如需要制作不同口味的肉松，则此时可适量添加酱油、白砂糖、色拉油、盐、味精、姜汁、五香粉等调味品，与肉松拌好，然后放入锅内小火炒至干燥为止，取出并摊开晾干，同时拣净小刺和小肉团，密封保存。

至此完成鱼松制作。但需注意的是，由海水鱼制成的肉松中含有较多的氟，氟化物摄入过多或天天摄入的话，会在体内蓄积，可能导致氟化物慢性中毒，尤其是会对儿童牙齿造成不可逆损害，因此建议儿童不要过多摄入鱼松。

71. 鱼露是如何生产的?

鱼露是亚洲国家以及我国沿海一带的传统调味珍品，是用海产小鱼或小虾经盐渍或盐腌发酵后，取滤液再配以食盐、糖及其他辅料精制加工而成的一种特殊酱油。鱼露色泽清亮，味道鲜美，具有原鱼特有香味，深受消费者喜爱。鱼露营养丰富，其中氨基酸含量高达18种以上，必需氨基酸有7种，且氨基乙磺酸（牛磺酸）是鱼露中的特有成分；除氨基酸外鱼露中还含有机酸与微量元素如铜、锌、铬、碘、硒等。

传统鱼露的生产是利用动物蛋白质自然发酵酿制而成的，因地区差异发酵方法与发酵时间均有所不同，一般需耗时数月至一年。目前，泰国鱼露生产水平处全球领先水平。中国传统鱼露的生产工艺与泰国相似，一般包括腌制、发酵、调配、灭菌、包装等步骤。

其中发酵过程耗时最长，分为前期发酵（自溶）、中期发酵（日晒夜露）、过滤、后期发酵（晒炼）。将新鲜杂鱼去鳞、去内脏、去头尾、清洗后加入适量食盐腌渍数月，腌渍过程也是鱼体自溶发酵过程，一般耗时7～8个月，直至鱼体变软、肉质呈红色或淡红色、骨肉易分离的溶化状态即成为气味清香的鱼胚醪，然后转入露天场所进行中期发酵。鱼露中期发酵一般耗时1～3个月，直至渣沉、上层汁液澄清、颜色加深、香气浓郁、口味鲜美，并经连续测定汁液中氨基酸增值微小的时候即可过滤取汁。滤液继续转入后期发酵1～3个月，使滤液中未分解的蛋白质等物质充分分解，直至澄清透明。经后期发酵后的鱼露口味更佳醇厚，风味更加突出，经久耐藏。

72. 河豚为什么会有毒？

针对河豚体内河豚毒素的来源问题，国内外学者进行了广泛的调查和研究，目前有两种说法，一种为内源性学说，认为河豚毒素是在河豚体内产生的；另一种为外源性学说，认为河豚体内的河豚毒素来源于河豚生活的外部环境。但至今没有形成统一的观点。

内源性学说中，部分学者认为河豚毒素来源于河豚体内含有的刺胞或毒腺中的蛋白质毒素，另一部分学者认为毒素来源于河豚体内拥有的某些特定功能，其可与鱼体内共生微生物共同作用从而产生毒素。但内源性学说始终没有得到广泛认可，究其原因是没有更多的证据支撑。

外源性学说中，有学者通过对河豚进行养殖的实验发现，普通人工养殖的河豚中不含毒素，但当在喂养饲料中添加有毒素的河豚肝脏发现养殖的河豚体内含有毒素，因此这部分学者认为河豚体内毒素是通过食物链富集的。也有学者在近年来的研究中发现，河豚体内的一些细菌（如放线菌、弧菌、假单胞菌、发光菌、气单胞菌、芽孢杆菌等）能够分泌河豚毒素。目前，外源性学说主流观点认为食物链与鱼体内微生物共同影响导致河豚体内毒素的积累。

73. 怎样认识和鉴别河豚?

河豚，也叫河鲀，属硬骨鱼纲辐鳍亚纲鲈形总目鲀形目，在国内分布的种类较多，有分布在海水中的，也有分布在淡水中的，是一类味道鲜美但含有剧毒的鱼类。河豚在我国食用的历史悠久，但从1990年起，卫生部发布施行的《水产品卫生管理办法》中，明文规定“河豚有剧毒，不得流入市场”，至此国内市场上不再允许销售河豚，尤其是野生河豚，且国内养殖的河豚主要出口日本、韩国，总体销量较小。但河豚的美味阻挡不了食客们的食欲，尤其是在有野生河豚分布的水域周围。同时在河豚分布的水域捕鱼时也难免在捕获的鱼中混杂着一两条河豚。因此，国内时常发生食用野生河豚中毒甚至死亡的事件。

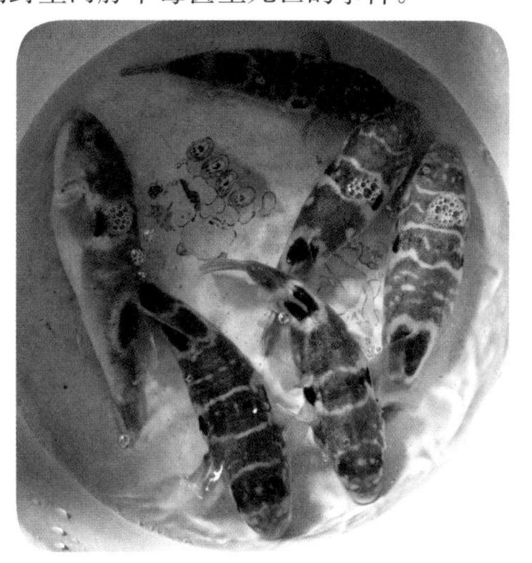

河豚体形长、圆，头比较方、扁，有的有美丽的斑纹，有些则没有斑纹，呈现一片黑色。也有形容称河豚外观呈菱形，眼睛内陷半露眼球，上下齿各有两个牙齿形似人牙。河豚鳃小不明显，肚腹为黄白色，背腹有小白刺，鱼体光滑无鳞，呈黑黄色。部分种类的河豚有气囊，遇敌害时腹部膨胀，浮于水面上，由此也被称为气泡鱼、气鼓鱼。虽然国内河豚种类众多，但常见的几种河豚具有如上形容中的一些特征，可供大家辨别，避免误食。

74. 为什么河豚会引起中毒?

河豚的体内含有一种剧毒成分——河豚毒素（tetrodotoxin，TTX）。河豚毒素是迄今为止自然界中发现的毒性最强的非蛋白类毒素之一，人体摄入河豚毒素0.5～3 mg就能引起死亡。误食河豚毒素导致的食物中毒后果非常严重，死亡率高达60%。河豚毒素是一种神经性毒素，被机体吸收进入血液后能够阻遏神经和肌肉的传导。如不慎食用未经妥善处理的河豚，大约20 min就会出现初级呼吸系统衰竭、痉挛、心脏跳动不规律等神经系统麻痹症状，若抢救不及时极有可能会导致死亡。

但令人不可置信地是，河豚毒素虽然能令人中毒甚至死亡，同时也是一种临床药物，被广泛用作戒毒剂、麻醉剂、镇静剂等。此外，因河豚肝脏提取物对多种肿瘤显示出抑制活性，现已用于癌症的临床治疗。

75. 食用河豚时如何处理？

河豚毒素主要存在于河豚的卵巢、肝脏、血液中，其次是肾脏、眼睛、鳃和皮肤中，个别品种的肌肉中也含毒素。冬季和春季间的生殖器毒性最强。如果人们吃了如手指般大的一块鱼卵，就会严重中毒。河豚毒素因化学性质稳定，一般的烹饪手段很难将其快速破坏，如 120 ℃下须加热 1 h 才可破坏河豚毒素，因此人畜中毒死亡率极高。

大部分河豚的肌肉是无毒的，如能将头、皮、内脏及血液等有毒部分严格地按照去毒步骤处理，再经过腌渍、晒干后食用是较为安全的。因此，河豚的去毒清洗成为安全食用河豚的关键所在。

河豚的清洗方法：将鲜活鱼体表洗净后，用刀沿着脊骨削开鱼体，剥尽外皮，去除所有内脏，挖去眼睛或者切去头和鳃，再将鱼肉放在清水里反复漂洗、浸泡，把血污彻底洗净，即可切成生鱼片生食或者继续烹饪加工。

在日本，河豚的加工人员需要进行严格的培训并取得相关资格证后才能从事河豚相关的加工工作，管理十分严格。因此，为了安全起见，国内不少游客都去日本享受河豚的美味。我国对河豚的养殖、加工及流通有一系列规定，建议消费者购买或食用符合规定的各种河豚产品。

76. 如何做清蒸鱼更美味？

做清蒸鱼，快捷方便，既省却了烹煎油炸，又干净了灶面和厨房的墙面。清蒸鱼不但味道最鲜美，而且能够最大限度地保存营养，尤其是能很好地保存俗称“脑黄金”的 DHA，因此，食用高档的鱼一般都会选择清蒸。

清蒸鱼看似极为简单，但要想做好，也属不易。即使是一条鲜活的鱼，若调理不当，火候掌握不好，蒸出的鱼也会不熟或味同嚼蜡，又或是鱼肉发暗、肉质绵软、腥味很重。如若想更好地掌握清蒸鱼的烹制方法，就要注意以下几个方面：

（1）**原料务必新鲜。** 清蒸鱼讲究的是原汁原味，因此选鱼时力求生猛鲜活，这样蒸出来的鱼味道才够鲜美。此外，一般选用身体侧扁的鱼，海水鱼或淡水鱼均可。鱼的重量控制在 600 g 左右，摆盘时美观且易于把握火候。

（2）**鱼的宰杀和处理。** 活鱼采用头部敲击致死后从鳃部放血的宰杀方式。这样处理过的鱼可保持鱼肉洁白，同时可降低腥味。去掉内脏后要再去除腹内黑衣膜，这样也可降低腥味。鱼体表面黏液也是鱼腥味的重要来源之一，因此去鳞后建议用温水对鱼体清洗，尽量洗掉鱼体表面的黏液。鲥鱼一般不去鱼鳞，因为鲥鱼的鱼鳞富含脂肪。背肉较厚的鱼在清洗过后须用刀在背部和腹部深划几刀。

（3）**腌渍。** 蒸之前，用调味料（精盐、味精、绍酒、色拉油、葱白、姜片、胡椒粉等）将鱼体腌渍 10 min 左右，时间也不宜过长。同时为防止蒸鱼过程中鱼受热不均，可将姜丝、葱段铺在鱼盘上。

（4）**蒸鱼。** 务必在水开后再入锅蒸制。一般蒸 8～10 min 即可。蒸鱼讲究一鼓作气，一气呵成，中途不宜开盖检查。蒸熟后立即起锅，不宜在蒸锅内长时间保温。蒸鱼的最高境界是蒸好的鱼肉呈“蒜瓣肉”状，这样的鱼肉口感最为鲜美。如用猪网油覆盖鱼身蒸制，起锅后去除，可使鱼肉更加油润。

（5）**出锅浇淋酱汁。** 鱼出锅后，切一些葱丝，也可放入青、红椒丝在鱼上面，锅热油放入花椒炸出香气，浇淋在蒸好的鱼上，并倒入蒸鱼用的味极鲜即可。也可在碗中调制出锅后需用的浇淋酱汁（酱油、醋、油等），并将其一起与鱼上锅蒸制，待鱼出锅后，将碗中酱汁浇淋在鱼身上。这种浇淋酱汁与前种相比少了些生涩的味道，可使鱼肉的味道更加温香柔和，适合老年人与喜食清淡口味的食客。

77. 鳕鱼有什么营养价值？

鳕鱼，俗称 Cod。虽然对于中国人来说，印象并不是很深，但对西方国家来说，鳕鱼却有着悠久的历史，至今仍具有非常重要的经济价值。不少国家把鳕鱼作为主要食用鱼类，在西方人的餐桌上有着非常重要的地位。

鳕鱼肉质白嫩、厚实、刺少、味道鲜美，是老少皆宜的鱼类。科学研究表明，鳕鱼肉蛋白质含量非常高，且脂肪含量极低，是理想的减肥瘦身佳品。同时富含钙、磷、铁、镁、硒等矿物质，其中富含的镁元素对预防高血压、心肌梗死等心脑血管疾病有一定作用，对人体心脑血管系统有较好的保护作用。

鳕鱼被北欧人称之为“餐桌上的营养师”。鳕鱼浑身都是宝：鱼肉可以活血祛瘀；鱼鳔可以补血、止血；鱼骨可治疗脚气病；鳕鱼胰腺因富含胰岛素具有很好的降糖效果，已被用于糖尿病的治疗；鳕鱼肝脏中除富含 DHA、EPA 及其他 ω－3 系列多不饱和脂肪酸外，还富含多种维生素其中包括人体必需的维生素 A、维生素 D、维生素 E。鳕鱼肝油中的营养成分的比例可满足人体每日所需，且为每日所需量的最佳比例，因此，被法国人称为“液体黄金”。此外，鳕鱼肝油还有抑菌作用，能很好抑制结核杆菌；可消灭传染性创伤中存在的细菌；同时 0.001%浓度的鳕鱼肝油中的不饱和脂肪酸即可抑制细菌生长；鳕鱼肝油制成的药膏可迅速液化坏疽组织。

78. 如何烹调鳕鱼？

鳕鱼的烹调食用方法有很多。经开水冲烫后的半生半熟态的鳕鱼片可拌辣酱食用，同时也可将鳕鱼的生鱼片佐以辣根、生抽等调味品直接用来生食，此外红烧、红焖、煎炸、清蒸等也是美味难挡的烹调方式。

香煎鳕鱼，是西餐中极受欢迎的主菜之一。香煎鳕鱼的做法其实非常简单。首先，将鸡蛋与牛奶在汤碗中充分打散混匀。其次，在另一个碗中将面粉、甜椒粉、胡椒、盐与洋香菜混合。然后，将鳕鱼排先逐片蘸取蛋汁，再两面蘸取面粉，甩去多余粉状物，逐片入锅，或煎或炸，每面煎炸约 2 min。刚煎好的鳕鱼表皮呈淡黄色，鱼肉鲜嫩，再佐配意大利经典酱汁，轻轻地咬上一口，酥脆的表皮下是鳕鱼厚实的鱼肉，口感鲜嫩柔美，令人回味无穷。

除香煎鳕鱼外，布拉日鳕鱼也是西餐传统菜肴。布拉日鳕鱼是将干鳕鱼、鸡蛋、土豆薄片、洋葱一起烹煮。鳕鱼在沸腾的煮锅中逐渐吸收调料与各种配料的精华，给食客带来别样的美妙滋味。

此外，清蒸鳕鱼因口感清淡嫩滑，烹调方法简单容易，也受到消费者喜爱。具体做法：将鳕鱼解冻洗净后撒上盐腌制 10 min 左右，然后再将鱼冲洗一次，摆入盘中，淋上酱油，大火蒸熟。蒸制过程中将准备好的葱丝、姜丝、辣椒丝放入盐水里浸泡一下，待鱼蒸熟后将葱丝、姜丝和辣椒丝撒在鱼身上。最后锅里烧开少许花生油，浇淋在鱼身与葱、姜丝上，就完成了清蒸鳕鱼的制作。

79. 市面上为什么有五花八门的鳕鱼?

市面上鳕鱼的名字五花八门，有圆鳕、狭鳕、扁鳕、龙鳕、银鳕等，价格也千差万别，有高有低，便宜的少于 40 元/kg，贵的高达 200 元/kg。为什么差别这么大呢？事实上，只有辐鳍鱼纲鳕形目鳕科鳕属的鱼类才是真正的鳕鱼，有且仅有三种，分别是太平洋鳕（国内称大头鳕）、大西洋鳕和格陵兰鳕。而市面上众多的各类鳕鱼并非真正的鳕鱼，有同科不同属，或同目不同科，甚至有不属于鳕形目的鱼类。因自然资源匮乏以及商业利益的驱使，导致贩售者不断寻找类似的鱼类替代真正的鳕鱼。常见的鳕鱼替代品种有：

圆鳕，真正的名称是异鳞蛇鲭，又名鳞网带鲭，中文俗称油鱼，也有地区称之为水鳕鱼。圆鳕属鲈形目鲭科，与鳕鱼不同目、不同属，主要生活在温带与热带海域，而非寒带海域，因其肉质、切片外观与鳕鱼类似，常被当成鳕鱼贩卖。油鱼无毒，但其体内含有的一种名为蛇鲭毒素的天然蜡酯难以被人体消化，食用后容易引起胃痉挛、腹泻等症状，尤其是儿童。因此，某些国家或地区禁止贩卖油鱼，但国内尚未有此规定。

狭鳕，属于鳕形目鳕亚目鳕科狭鳕属的一种，与真正的鳕鱼同科不同属，又称明太鱼。狭鳕为冷水性海鱼，主产区在美国。阿拉斯加狭鳕作为全球消费最多的一种食用鱼类，大多用来制成鱼排块，再经油炸后制成油炸鱼肉制品。

无须鳕，隶属于鳕形目无须鳕科无须鳕属，又称太平洋白鱼，与真正的鳕鱼不同科也不同属。无须鳕肉质雪白、含油量高，易于烹制且适合多种烹饪方式，常被烹制成各类鳕鱼制品与零食，在亚洲、中东的国家及美国部分地区很受欢迎。

扁鳕，也称为鲽鲽鱼或星鲽，真正的名称是大比目鱼，是世界上最大的鱼种之一，因身体呈扁平状，故在餐饮界被称为“扁鳕”。大比目鱼生活在北冰洋洋底，因产地不同被冠以多种名称，如阿拉斯加大比目鱼、格陵兰大比目鱼等。大比目鱼肉不仅味道鲜美，营养丰富，且具有多种保健功效，备受消费者喜爱。大比目鱼肉蛋白质含量高，脂肪含量低，且富含维生素 D 和必需脂肪酸，尤其富含 ω-3 不饱和脂肪酸，是深海鱼油加工的优质原料。

银鳕，真正的名称是裸盖鱼，也有地区称之为黑鳕，与真正的鳕鱼不同科也不同属，主要产自美国。因肉质润泽，口感出众，且富含油脂，成为各大餐馆餐桌上的常见佳肴。

80. 如何鉴别鳕鱼和油鱼?

完整的油鱼与鳕鱼在外形上相差很大，一般不可能混淆，但如果切片后冷冻出售，从外观上不太容易辨别。一般来说，鳕鱼切开后白皙，肉质鲜嫩，口感微甜，肉色较清；而油鱼鱼鳞较细，颜色较深，解冻后，鱼肉较硬。

81. 油鱼吃多了有什么害处?

据《本草纲目》中记载，油鱼可作为泻药使用。油鱼内含有的油鱼蜡酯，虽无毒，但因人体摄入后很难将其消化，会在直肠中积累，所以，像儿童等肠胃功能较弱的人进食油鱼后，最快 30 min 左右就会引起胃痉挛、腹泻等身体不适反应，但大多两天内可痊愈。

82. 三文鱼身上有寄生虫吗?

寄生虫或者寄生细菌是无处不在的，我们每天吃的食物里，都多少含有一些细菌。三文鱼身上也会有一些寄生的虫或者细菌，可是这并不影响我们正常食用。流行的三文鱼吃法是生吃三文鱼刺身。由于是生吃，所以卫生问题更加让人担心。正规进口的三文鱼大多是来自大西洋深海，且一般都经过低温急冻处理（通常为−35 ℃冷冻 15 h 或−23 ℃冷冻一周），身上并没有什么寄生虫，所以生食相对安全，只要在吃的时候适当注意卫生，实际上是不必太过担心的。不过在一些近海、河流、内湖养殖的三文鱼以及洄游期间的野生三文鱼，或多或少都有被寄生虫感染的风险，酱油、山葵酱、白酒等佐料也不足以杀死这些寄生虫，因此一般不适合生吃，需要加热食用，60 ℃左右的温度就可杀死这些寄生虫。

但需要提醒消费者注意的是，淡水养殖的虹鳟鱼肉与三文鱼肉外形十分相似，但价格远低于三文鱼，所以经常有不法商贩为谋取私利以假乱真，以虹鳟肉代替三文鱼肉，这会为消费者带来寄生虫感染的风险。

83. 三文鱼有何特殊的营养价值?

三文鱼享有“鱼中至尊”“水中珍品”的美誉，其肉质兼具美味、营养、安全、实惠等众多优点。三文鱼中富含丰富的不饱和脂肪酸，可以降低血液中的胆固醇含量，同时还具有预防心脑血管疾病、糖尿病等慢性病以及相似症状的疾病，还可减轻风湿、牛皮癣等疾病带来的痛苦。三文鱼作为世界上最有益健康的鱼类之一，有着“餐桌上的脑黄金”的美称，每周两餐，就能将受心脏病攻击死亡的概率降低1/3。此外，三文鱼还是符合现代营养学标准的健康食品，其肉中富含蛋白质与维生素（维生素A、维生素B_1、维生素B_2、维生素B_{12}、维生素D），且胆固醇含量与热量值很低（每100 g鱼中蛋白质含量为18.4 g，胆固醇含量低于70 mg，热量低于628 J），是爱美食又爱健康的食客们不能错过的高档水产品。

84. 为什么市面上会有各种不同的三文鱼?

如果在市场上转一圈，你会发现很多外观、质地和口感各不同的“三文鱼”，名字也是五花八门，如挪威三文鱼、帝王三文鱼、红三文鱼、阿拉斯加三文鱼等，甚至还有“淡水三文鱼”这一个怪异的名称组合。

那么，三文鱼究竟是什么鱼?

事实上，“三文鱼”最初只是港台地区的中国人对英文中salmon鱼的音译名，而且这种音译存在一定的误解，因为三文鱼最初所指的鱼与英文中的salmon并不统一。经典“三文鱼”只特指大西洋鲑这一种，“挪威三文鱼”是如今的常用商用名，是为了维护“三文鱼”的正统性而特意加注的，用以区分不同产地的各种三文鱼。而英文中salmon可以代表大西洋鲑和多种太平洋鲑，这类鱼都与大西洋鲑具有类似的洄游习性且在洄游过程中会发生相似的变化特点，因此salmon可以代指多种不同的鱼，一个更好的翻译方案是译为“鲑类”或“鲑鳟类”。不同salmon因产地、形态不同而被赋予具有不同地域或形态特征的俗名。国外生鲜市场一般售卖salmon时会清楚地标注出具体的英文名，所以如若到国外的生鲜市场中购买 salmon，店家极有可能会询问你具体要哪一种 salmon，如 Sockeye? Chinook? Coho? Chum? King? 因此，市场上帝王三文鱼、红三文鱼、阿拉斯加三文鱼等名字中涉及三文鱼的应该是指 salmon 一类鱼，是指“鲑类”或“鲑鳟类”。

野生三文鱼主要分布在高纬度的北大西洋和北太平洋海域，因资源有限现已不能满足不断增长的市场需求，因此三文鱼的养殖业便在 20 世纪 60 年代得到了蓬勃发展，并逐步占据主导地位。现如今，在世界范围内较重要的三文鱼养殖品种就多达 20 余种，其中虹鳟（rainbow trout）、大西洋鲑（atlantic salmon）和银鲑（silver salmon）等品种的产量占据绝对优势。三文鱼适盐性广，在海水、淡水或咸淡水均可存活。在众多三文鱼品种中，部分品种就生活在淡水中，因此也被冠上了“淡水三文鱼”这样的名号，如虹鳟。但其实“淡水三文鱼”这个名词的组合本身就怪异且滑稽，这绝不仅是翻译的问题，其中更是充满了商业利益。虹鳟自引进国内养殖后因产量很高，供大于求，价格就要比三文鱼低很多，商家们由此看中其中的商业利益，大肆炒作“淡水三文鱼”的概念并从中牟利，导致虹鳟在很多旅游景区的售价甚至远高于三文鱼的价格。

85. 中国的大麻哈鱼是三文鱼吗?

在我国东北毗邻北太平洋的河流中，也生活着一种形态、习性与大西洋鲑鱼相似的洄游鱼类，在鱼类分类学上称之为太平洋 salmon”，不过它们早已有了中文名称，叫太平洋鲑，当然，它们还有另一个更被国人熟知的名字——大麻哈鱼（也称大马哈鱼）。大麻哈鱼虽与大西洋鲑同属于鲑科，但却不同属。中国的大麻哈鱼属于大麻哈属，而大西洋鲑属于鲑属。因此从广义上讲，大麻哈鱼其实也是 salmon（三文鱼）的一种，但如果严格从“三文鱼”作为大西洋鲑的特指专有名词这一点上来讲，大麻哈鱼是不同于“三文鱼”的。

86. 如何保藏三文鱼?

为了保证挪威三文鱼的鲜美口感，新鲜的挪威三文鱼最好贮存在 0～4 ℃冰箱内，且贮藏温度波动不能过大。如果当天购买的挪威三文鱼没有一次食用完，可将其放入冰箱内冻藏，且温度须控制在－18 ℃或以下，条件可以的话，达到－40～－35 ℃对三文鱼的效果更好，但在冰箱的储存时间最好也不要超过一天。

87. 如何选购优质三文鱼？

三文鱼作为重要的生食鱼类之一，购买时的鲜度是关键。如果食入新鲜度低或品质不好的三文鱼会影响身体健康。所以购买三文鱼要从以下几点判断其新鲜度：①新鲜优质的三文鱼具有一层完整无损、带有银色的鱼鳞，透亮有光泽。②眼球凸起、清亮，黑白分明，洁净无污物。③鱼鳃色泽鲜红，鳃部有红色黏液，气味新鲜。④用手指轻轻地按压鱼体，鱼肉有弹性且手一离开即刻恢复不留痕迹。⑤剖开后鱼肉色泽艳丽有光泽，纹路清晰。⑥鱼肉的白色脂肪层也是判断其品质的重要特点，深海三文鱼的白色脂肪层均匀、精细、漂亮，呈现很自然的脉络，而一些人工养殖的三文鱼脂肪层不匀，看起来很是粗糙。

88. 如何选择刺身三文鱼原料？

享有“鱼中至尊”美誉的三文鱼无疑是刺身的不二之选，且在众多三文鱼中挪威三文鱼当属最优质原料。由于挪威贴近北极圈，海水冰冷、纯净且无污染，而且养殖和加工全程都受到严格监控管理，因此，挪威三文鱼不仅口感细腻，同时也是品质可靠的代名词。那如何挑选新鲜的挪威三文鱼呢？需要注重以下几点：①到大超市等正规销售点采买，不要到没有保障的临时销售摊点购买。②选择正规渠道进口的挪威三文鱼。正规进口的挪威三文鱼每条都有一个独一无二的、类似于“身份证”的标签，可追溯其源头信息。因此采购时，要检查随鱼附带的包装上的生产厂家、生产时间、卖方等信息，并应向销售人员核实原产地信息。③选择新鲜的挪威三文鱼，怎么是新鲜呢？首先鱼肉呈橙红色且色泽鲜明，其次肉质坚挺鱼皮光滑，经指尖挤压后会迅速反弹，然后新鲜鱼的脂肪分布犹如大理石般并具清晰可见的白色条纹。如若买不到挪威三文鱼，也可以选择国内或其他国家和地区在深海中养殖的三文鱼，但切记一定是产自深海海域，因为深海中的鱼类受寄生虫感染的可能性较小，而近海及淡水中养殖的三文鱼被寄生虫感染的风险较大。

89. 孕妇可以吃三文鱼吗?

上面已经提到，三文鱼是世界最有益健康的食物之一，不仅富含营养物质，而且有预防心脑血管疾病和糖尿病等慢性疾病的功效，另外也含有脑部、视网膜及神经系统功能运作所需的物质，有促进婴儿健康发育，增强儿童大脑和视力发育、防治阿尔茨海默病等作用。孕产后的女性食用三文鱼可缓解产后抑郁症状；对年轻女性来说，食用三文鱼能够促进健康细胞膜的形成，减少皮肤干燥和皴裂，使皮肤焕发光泽、有弹性。经常运动的人士，常吃三文鱼可为肌肉提供运动所需的能量，保护心脏健康。孕妇是可以吃三文鱼的，但也有一些前提条件。首先要讲究烹饪方法和进食的量。由于生的三文鱼里面可能含有寄生虫，所以要尽量选择熟食，而且孕妇肠胃不好的时候也尽量不要过多进食。另外，还要注意孕妇的个人体质。有些孕妇吃海鲜可能会导致过敏，特别是食用量较大的时候。由于女性在孕期应避免服用药物，因此一旦孕妇因食用海鲜而引发过敏，治疗起来会很麻烦，所以如若孕妇是过敏体质则应尽量避免在孕期食用三文鱼等海鲜。

90. 常食金枪鱼会导致高胆固醇吗?

高胆固醇主要是由于摄入过多饱和脂肪酸以及含胆固醇较高的肉、蛋和奶制品，加上运动不足而引起的，如不加以很好地治疗，可能会引发动脉硬化、糖尿病、痛风、脂肪肝、心脏肥大等并发症，并且还会导致脑卒中及心肌梗死等疾病。而金枪鱼中的 EPA、蛋白质、牛磺酸均有降低胆固醇的功效，经常食用，不仅能够有效减少血液中的低密度脂蛋白胆固醇含量，增加高密度脂蛋白胆固醇含量，还能预防因胆固醇含量过高所引起的并发性疾病。

91. 金枪鱼中的多不饱和脂肪酸有何生理功能?

金枪鱼背部肌肉中脂肪的含量较低，只有约1.0%，但其中不饱和脂肪酸含量却远高于饱和脂肪酸的含量，尤其是DHA和EPA，二者的总含量高于30%。科学家研究发现，DHA具有促进脑细胞再生、提高学习能力、改善记忆力的功效。DHA（学名叫二十二碳六烯酸）主要存在于人类大脑皮层与视网膜等组织中，是大脑功能（包括智力）及视觉发育的重要结构物质，同时对神经元细胞有“顺畅”功能，可拓宽大脑的信息网络，强化信息网络的运行，尤其对脑部与记忆学习能力相关的海马体有益，因此，大脑中DHA含量的多少是决定“头脑好坏”的关键。此外，EPA和DHA还具有抑制血小板凝聚、降低胆固醇、防止心脑血管疾病发生和保护视力等的作用。

92. 如何切刺身鱼片?

挪威人切割三文鱼有自己总结的一套方法，应用这个方法既可得到不同部位的鱼肉，又可方便地去除鱼刺。首先需要一把锋利的鱼柳刀（类似于柳叶刀），然后从三文鱼的两侧各取下一片鱼柳，鱼柳必须取得光滑、平整，其次再割下鱼头，从鱼身脊骨处往下切至鱼尾，随后将鱼翻过来，在另一面进行同样操作，最后，去除鱼腩部分的白色薄膜，并用小镊子将所有鱼刺一一夹出。整个过程宛如做手术一般，需要相当的精细，所以挪威家庭主妇人人都是最出色的“外科专家”。如果有机会买到新鲜挪威三文鱼，也可以自己尝试一下这个“手术”过程。

我们一般从超市购得的三文鱼基本都是已经处理后的条形三文鱼鱼块儿。买回后，我们自己只需要将三文鱼放置在砧板上，用刀将三文鱼鱼皮去除，并用小镊子或小剪刀拔出三文鱼竖断面的鱼刺。余下的三文鱼块要根据不同的部位选择不同刀法，背部肉质略微坚实，要垂直切下，腹部柔软，刀要倾斜切入。需要注意的是，在切的过程中一定要一刀切下，且切鱼肉时要顶丝切，即刀与鱼肉的纹理要呈90°夹角，这样切出的鱼片筋纹短，利于咀嚼，口感也好。注意不要顺着鱼肉的纹理切，因为这样切筋纹太长。刺身的厚度以咀嚼方便、好吃为原则，既要容易入口，又能充分体现该鱼的最佳味道。例如切三文鱼、金枪鱼、鲥、旗鱼等时，一般建议鱼片厚约5 mm，这样吃时既不觉得腻，又能感受到肉质的充盈。但也有些鱼做刺身时须切得薄一些，例如鲷鱼，因为这种鱼的肉质紧密、硬实，薄切口感更佳。

93. 如何选择切刺身的刀？

制作刺身时推荐使用柳叶形状的专用刺身刀。若使用不合适或不锋利的刀具处理刺身，会在切割时破坏刺身原料的形态与纤维组织，造成脂类溃破，导致刺身原料本来的特殊风味被破坏，所以，刺身制作时使用合适的刀具尤为重要。专业刺身制作者一般都有 5～6 把专门用的刀，可分为处理鱼类、贝类及甲壳类的刀，还可分为用于去鳞、横剖、纵剖、切骨等用途的刀。家庭制作刺身时，如果没有专用的刺身刀具，也可选择西餐料理中使用的刀具或家里常用的切肉刀，刀越薄越锋利越好，这样切割时会更好保护原料原有形态与纤维组织，保持原料的原有风味。

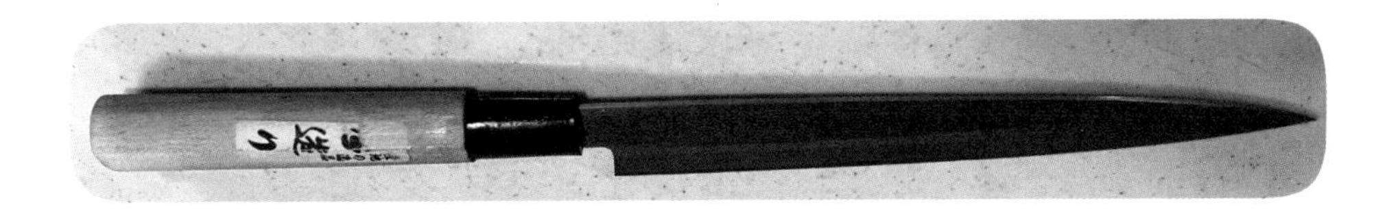

94. 金枪鱼的生活特性及食用价值？

金枪鱼也称鲔鱼、吞拿鱼，英文名 tuna，是大洋高度洄游鱼类，主要分布在太平洋、大西洋和印度洋的热带、亚热带和温带广阔水域。金枪鱼体型庞大，因鳃肌退化必须昼夜不停地游泳，故而脊柱两侧的肌肉和皮肤上布有大量血管网丛，且血液中红细胞含量很高，因此其肉质呈现紫红色。

金枪鱼生活在水深 100～400 m 的大洋深处，其洄游范围可以远达数千千米，能做跨洋环游，被称为“没有国界的鱼类”，日本曾在近海发现过从美国加州游过去的金枪鱼。但其洄游范围一般仅限于盐度较高的外洋，较少接触近海与沿岸污染较严重的水域，因此其肉质受到近海污染的程度较低。加上金枪鱼从捕捞、运输、加工至消费之间各个环节的操作要求都非常严格，同时是在超大型低温冷藏链（−55 ℃以下）的贮藏环境下，能够使鱼肉营养成分最大限度地保留。因此，金枪鱼被视为绿色、安全、无污染的鱼，被国际营养学会推荐为世界三大营养鱼类之一。

作为料理中生鱼片的高级食材之一，金枪鱼以其樱桃红色的肉质、丰富的营养及温和清淡、不油腻又略带清甜的口感受到众多食客的喜爱。常用来做生鱼片原料的金枪鱼有蓝鳍金枪鱼、大眼金枪鱼（也叫作大目）和黄鳍金枪鱼，不过，由于蓝鳍金枪鱼的产量不到全球金枪鱼总产量的 1%，使得其变得珍稀且昂贵。

95. 金枪鱼有何营养价值？

金枪鱼素有“海底鸡”的美誉，美味营养又健康，生食是极品，熟食也很香浓美味。金枪鱼肉具有高蛋白、低脂肪以及富含矿物质与维生素等特点，具有很高的营养价值。

通过对金枪鱼背部肌肉营养成分进行分析发现，金枪鱼是营养价值很高的鱼类之一，不仅蛋白质含量丰富，其必需氨基酸的组成接近人体的氨基酸需要组成成分，如以EPA和DHA为代表的多不饱和脂肪酸，其中DHA有“脑黄金”的美誉。营养学家依据鱼肉中DHA含量由多至少的顺序推荐购买的鱼类次序参考表：金枪鱼、鲣鱼、鲭鱼、秋刀鱼、沙丁鱼、海鳗、虹鳟、鲑鱼、竹筴鱼、脂眼鲱鱼、带鱼、鲻鱼、旗鱼、金眼鲷等。其中金枪鱼、鲣鱼、鲭鱼、秋刀鱼、沙丁鱼每100 g的鱼肉中DHA的含量高达1 g以上，作为鱼中之冠的金枪鱼，其每100 g鱼肉中的DHA含量可达2.877 g，总脂肪酸含量可达20.12 g。此外，金枪鱼中还富含牛磺酸等多种功能性成分。牛磺酸是类似于氨基酸的物质，它可以抑制交感神经的兴奋，降低血压及血液中的胆固醇，防止动脉硬化，促进胰岛素分泌，提高肝脏的排毒作用，预防和改善视力障碍，对正在生长发育的儿童十分重要。

96. 肝脏病人可以食用金枪鱼吗？

现代人类的生活节奏过快、工作压力过大、疲劳过度以及过量饮酒、喜爱食用热量过高的食品等不良的饮食习惯等原因造成了肝功能下降，进而会导致脂肪肝的形成，如若不加以治疗，还会引发肝炎、肝硬化，严重可导致肝癌的发生。

金枪鱼中所富含的DHA、EPA具有减少血液中的中性脂肪的功效，可预防脂肪肝的形成；同时鱼肉中含有的牛磺酸具有促进肝脏的排毒功能。因此，经常食用金枪鱼，可保护肝脏，降低肝病的发病率。此外，金枪鱼肉还是促进肝细胞再生的优质蛋白质来源，十分适用于肝病的食疗，同时还可消除病人的疲劳感，具有帮助病人恢复精神的作用。

97. 吃鱼片刺身时如何选择调料？

国内吃三文鱼刺身时，最常用的调料是青芥末与酱油。

青芥末香味独特，口感是刺激的辣呛味，这主要是因为其含有烯丙基异硫氰酸化合物。将刺身佐以青芥末不仅能够去除部分鱼腥味，还有助于提味、开胃，同时还有杀菌消毒的作用。青芥末有膏状、粉状和泥状三种，国内常用的是膏状，像牙膏一样挤出来即可食用，且常常与酱油搭配一起食用。

酱油可以提供咸味、鲜味，调和刺身整体的味道，将青芥末与酱油搭配是食用刺身的黄金搭档。酱油的种类较多，从工艺上说，可分为酿造与化学人工合成两种；从感观上讲，酱油的口味有浓有淡，颜色也是有深有浅。日本酱油一般分为浓口与淡口，就像中国酱油有生抽和老抽的区别一样。因此，将酱油作为搭配刺身的佐料时，最好要根据刺身的原料与自己的口味偏爱进行选择。刺身原料较厚、较大时，建议搭配浓厚一些的酱油，相反，搭配的酱油则可口味清淡些。

此外，将刺身搭配一点新鲜的柠檬汁也可以起到提鲜的作用。

98. 常吃金枪鱼有利于女性瘦身美容吗？

取自鱼背部的金枪鱼肉，肉质鲜红，优质蛋白质含量高且脂质含量低，并富含丰富的铁与其他营养素，是女性保持营养平衡与美丽健康的理想之选。

99. 孕妇能吃金枪鱼吗？

胎儿主要是通过胎盘来吸收营养物质，金枪鱼中富含促进胎儿大脑发育的 DHA。同时近年来的研究表明，DHA 也是经由胎盘被胎儿摄取吸收，可促进胎儿脑部发育。因此，为了促进胎儿脑发育，DHA 是孕期母亲必需的营养物质。同时在婴儿出生后，为了促进婴儿脑部发育，母亲也要尽量给婴儿摄入 DHA，母乳就是 DHA 重要的补给来源，因此金枪鱼也是哺乳期女性的不二之选。

100. 鱼片刺身如何装盘?

专业做刺身的人装盘时一般会选用刺身筷作为工具。刺身筷细而长，一端尖细，用于将切好排好的刺身原料摆放于盘中。

刺身装盘时，应综合考虑视觉效果和卫生要求等条件。出于视觉效果考虑的话，首先应选择合适的盛器，令刺身与容器之间色泽搭配和谐美丽。其次要注意造型设计，可以配以各种色泽、不同用途（如去腥）的辅料作为点缀，与刺身主料搭成各种不同的形状或颜色，如薄片拼盘、花色拼盘等。此外，考虑卫生要求的话，可以适当在盘底先用碎冰打底再装刺身鱼片。

101. 鲈鱼有何营养？如何烹调?

鲈鱼，又称花鲈、寨花、鲈板、四肋鱼等，俗称鲈鲛。我国常见的鲈鱼有四种，分别为海鲈鱼（学名日本真鲈，分布于近海及河口咸淡水交汇处）、松江鲈鱼（也称四鳃鲈鱼，降海型洄游鱼类，最为著名）、大口黑鲈（也称加州鲈鱼，从美国引进的品种）、河鲈（也称赤鲈、五道黑，原产新疆北部地区，为淡水鱼）。

鲈鱼肉营养丰富。尤其到了产卵期（不同品种和地域的鲈鱼产卵期有所不同），成熟的鲈鱼特别肥美，鱼体内积累的营养物质也最丰富，是吃鲈鱼的最好时令。鲈鱼性平、味甘，具有健脾益肾、补气安胎、健身补血等功效，对慢性肠炎、慢性肾炎、习惯性流产、胎动不安、妊娠期水肿、产后乳汁缺乏、手术后伤口难愈合等有辅助治疗之效，对消化不良或百日咳等病人有好处。鲈鱼含有丰富的蛋白质，易被人体吸收，此外，它所含的钙、磷、锌、硒等矿物质含量都很丰富，对伤口愈合很有帮助，对儿童和中老年人的骨骼组织也有益。

鲈鱼是古时候我国四大名鱼之一，肉质白嫩、清香，没有腥味，适宜清蒸、红烧和炖汤。其中清蒸鲈鱼方法最简单，方法如下：将新鲜鲈鱼去除内脏，清洗干净，在鱼面片开几刀，用料酒和少许盐揉匀，在鱼面刀口处和鱼肚中塞上切好的姜片和葱丝，腌制 20 min。然后放在一烧开的沸水锅中，大火蒸

7～10 min。蒸好的鱼立即取出，倒一勺蒸鱼豉油和几滴美极鲜酱油，放上干辣椒圈，将一大勺油烧热，浇在鱼身上即可。

102. 哪些人群不宜多吃鱼？

鱼类味道鲜美且营养丰富，常吃鱼有益身体健康，但患有以下疾病的人不建议多食用鱼类：

（1）痛风患者。痛风主要是由于人体内嘌呤代谢发生紊乱而引起的，主要表现为血液中尿酸含量过高，可引起关节、结缔组织和肾脏等发生一系列病变。鱼类因富含丰富的嘌呤物质，会加重痛风患者的病情，因此痛风患者不建议多食用鱼类。

（2）出血性疾病患者。鱼肉含有的 EPA，其在人体内的代谢产物为前列腺环素，具有降低血脂、减少血液黏稠度、抑制血小板凝集的作用，因此建议患有如血小板减少、血友病、维生素 K 缺乏等出血性疾病的患者不要或要少吃鱼类产品。

（3）肝硬化病人。肝硬化患者应禁止食用含 EPA 较高的鱼类，可少食 EPA 含量较少的鱼类，如比目鱼等，但为了安全起见，肝硬化病人还是不吃鱼类较宜。因为肝硬化的病人机体很难产生凝血因子，加之血小板偏低，十分容易发生出血症状，如果再食用含有 EPA 的鱼类，鱼肉中含有的 EPA 会导致病人血小板凝集受到抑制，加重病人病情。

（4）结核病患者。治疗结核病患者的异烟肼药物与某些鱼肉一起摄入会引发过敏反应。究其原因，主要是因为鱼肉中富含的组氨酸会在人体内转化为组胺，人体转化的组胺会被体内含有的单胺氧化酶氧化灭活，但结核病人服用的异烟肼药品是一种草胺氧化酸抑制剂。因此，患者在服用异烟肼药物期间，如果再摄入富含组氨酸的鱼肉会导致人体内生成的组胺无法灭活，从而导致人体内组胺蓄积，积累的组胺会引发过敏反应。轻度过敏症状表现为恶心、头痛、皮肤潮红、眼结膜充血等，重度过敏可能会引发心悸、口唇及面部麻胀、皮疹、腹泻、腹痛、呼吸困难、血压升高，甚至还会引发高血压与脑出血等疾病。因此，不建议服用异烟肼药物的结核病患者食用鱼类。

(5) 孕妇少吃处于食物链顶端的海鱼，尤其是活跃在近海区域的，因为这类海鱼容易富集重金属，摄入后会影响胎儿和新生儿的神经系统发育。

103. 篮子鱼及其食用需注意什么？

篮子鱼，俗称泥猛、臭肚鱼，是一类暖水性近岸小型至中大型鱼类，广泛分布在印度太平洋的浅水域，国内东南沿海一带常见，以藻类为食，尤其喜食麒麟菜和龙须菜。篮子鱼是一种高经济食用鱼类，在国内南海海域养殖较多，尤其是在广州和厦门的养殖产量较大，养殖品种以黄斑篮子鱼、褐篮子鱼和点篮子鱼为主。

篮子鱼是国内少见的植食性养殖鱼类，其皮薄肉嫩，味道鲜甜，独具风味。但肚内包裹内脏的黑膜较臭，影响食用口感，烹调前应清理干净。此外，篮子鱼的鳍刺有毒，但加热煮熟后毒性即可破坏。若加工时被刺伤的话，容易引起肿痛，可用热水敷，水温以不烫伤皮肤为准，越热越佳，约半小时即可解毒。

104. 比目鱼是什么鱼？

比目鱼是一类体型独特的名贵海产品，其成鱼身体侧扁，左右不对称，双眼位于身体头部的同侧。它们是所有脊椎动物中唯一一类身体左右无法平衡的鱼类，栖息海底，匍匐前进，并且能随环境变化而改变体色。比目鱼肉质白嫩、爽滑甘美、营养价值很高，不仅具有补虚益气之功效，它还富含大脑的重要组成成分 DHA，经常食用可增强智力。

比目鱼是海水硬骨鱼中的一个大类，属辐鳍鱼纲鲽形目，因游动似蝶飞而得名鲽鱼，国内产鲽、鳎、鲽 3 个亚目共 8 科 51 属 143 种。其中，同属鲽亚目的鲽鱼和鲆鱼长相相似，不易区分。民间一个普遍的经验就是根据眼睛和嘴长在身体左侧还是右侧来大致分辨二者，又称“左鲆右鲽”，即将鱼的右眼一侧朝上放置时，眼睛长在身体左侧、嘴朝左边的为鲆鱼，眼睛长在身体右侧、嘴朝右边的为鲽鱼。鲆鱼的代表性经济鱼种为多宝鱼，学名为大菱鲆。鲽鱼的代表性鱼种为高眼鲽（偏口鱼）和木叶鲽（鼓眼鱼）。鳎鱼长相与鲽鱼和鲆鱼区别较大，其体形像舌头，眼和嘴长在身体左侧，很容易区分。

自古以来，比目鱼以其独特的魅力得到广大人民的喜爱。比目鱼不仅食用历史悠久，而且拥有独特的比目鱼文化，它与比翼鸟、连理枝等一起成为中国千百年来传统文化中爱情的象征，寓意成双成对、和睦恩爱。此外，引进品种大菱鲆，其音译名为多宝鱼，具有“鲆鲆”安安、“多宝”多福等美好寓意。

105. 鱼汤怎么去腥?

很多地方都有煲汤喝的习惯，饭前饮汤健康又苗条，既能控制自己的食量又能开胃，调节肠道功能，饮汤是一种很好的养生方法。鱼汤不但营养而且鲜美，但却常常有腥味。怎样煲鱼汤才不腥呢?

首先要在烹饪前的预处理过程中采取一些去腥办法，如：①条件允许时，将买来的淡水鱼在清水中暂养几天，尤其是来自池塘养殖的那些淡水鱼，暂养可以消除部分鱼腥味。②宰杀活鱼前，要先敲击头部致死，然后从鱼鳃处放血，放血后的鱼不仅肉比较白，也减轻了鱼腥味。③鱼鳃、体表黏液、内脏、腹内黑膜等是鱼腥味的重要来源，宰杀后要将这些东西清洗干净，除了常用的清水清洗之外，也可以选择用淡盐水浸洗或者热水浇淋鱼体表面冲洗的办法，这样也可以减轻鱼腥味。④烹调前用料酒或者特制的去腥调料水等腌制鱼肉也可以达到去腥的目的。

其次是在烹饪过程中采取一些去腥方法，如：①在炖鱼之前，先把鱼用爆煎过葱姜的油两面煎一下，然后下热水，开着锅炖，这样鱼肉里的腥味就会跑出来，而不是被闷在汤里。小火慢煮至汤白时加一点醋，起锅前再加盐和鸡精，撒上葱花即可。②如果是鱼片做鱼汤，可先用油爆香生姜片，加料酒，放冷水，必须等水开才再放鱼下锅。③烹制过程中加辅料去腥调香，如杏鲍菇（菌菇类都有增香提鲜的作用）；或者根据个人口味，加入泡酸菜、泡萝卜、泡姜、泡椒、姜、葱、蒜、芹菜、香菜、醋、醪糟汁、料酒、胡椒、八角等调辅料，以除腥增香。④鱼头和鱼尾先用油煎制金黄色，取出鱼头用刀从中间劈开，真正的飨客都知道，鱼的精华在鱼脑部分，先整炸鱼头，为的是煎制时不使鱼脑液流失，再将劈好的鱼头下入锅中，用大火将鱼脑顶出，可使汤鲜味醇并富营养。⑤用高汤代替水熬鱼汤，这也是使鱼汤汤色浓白，口味鲜醇的技巧之一。

106. 寿司是起源于中国吗？

在现今全球大众的印象中，寿司“sushi”与生鱼片（刺身）“sashimi”一样，是日本料理最具特色的食品，也是日本饮食文化的象征，在国际上广为传播。但令人意想不到的是，寿司和刺身二者均不是起源于日本，而是源自中国！

现代的寿司，是以海产品为主要原材料，加上醋味米饭（熟米饭用糖、醋、盐调味而成）做成的即食性食品。其中，传统寿司以腌制成熟或半成熟的海产品为主要原料，称为熟寿司或驯寿司；而另一种是以生鲜海产为主要原料，称为生寿司或者江户前寿司，起源晚于传统寿司。

寿司在日本也用“鮨”或“鲊”两个古汉字表示（均读作sushi）。考证二者的起源发现，“鮨”最初出自公元前3、4世纪中国的《尔雅》辞典，意指腌制鱼类；“鲊”最早出现在东汉时期的《说文解字》中，意指藏于盐和酒糟调味的米饭里的腌制鱼类；之后在三国时期的《广雅》中将“鮨”“鲊”二字归为同类，意思上就没有区别了。三国时期的《齐民要术》中对鲊（鱼鮨）作了极为详尽的描述，工艺已具备传统寿司的主要特征。两晋和南北朝时期，鱼鮨已成了当时社会上极为普遍的食品。后在东晋末年的战乱年代传入日本，并一直流传下来。

寿司的制作起初只是为保存鱼而发明的技术，源于1 800多年前的中国西南地区，人们将米饭和鱼一起腌制，这期间，米饭糖化、发酵产生的乳酸自然渗透到鱼肉，可以有效防止鱼贝肉类的腐烂，能放置数天甚至一年。食用时，冲洗掉上面的米饭，只食用鱼肉部分。后来这种寿司的制作传入日本，成为最早的日本寿司，称作“熟寿司”，并得到不断普及、发展、创新，最终在日本得到发扬光大。

寿司在日本经过几百年的发展后，真正的普及是在江户时代。人们发现腌制初期的鮨，鱼肉还是保持着新鲜，饭团虽然经过发酵，仍旧风味独特，在关西，更是流行将薄薄的鱼片放在饭上压实，与米饭一起食用，这就是流行至今的“押寿司”。在江户时代，寿司的制作不断得到改良。寿司制作人为了提升鱼的味道和口感，在寿司中添加了醋，不但改善了口味，还有效缩短了发酵时间；此外，在寿司中添加了当地的时令蔬菜，令寿司的花样更加丰富。更有寿司经营者现场为顾客制作寿司，即在米饭上放一片鱼再握压成卵球状，也叫“握寿司”。握寿司味道鲜美，大小合适，方便食用和携带，深受顾客的好评，得到了广泛普及，盛传至今。

近些年来，日本也盛行卷寿司。手卷寿司是指在烤好的紫菜片上，放入米饭和自己喜欢的生鲜海鲜、蔬菜、火腿肠和鸡蛋等材料，然后卷成筒状，用刀切成若干段食用。手卷寿司制作简单，连孩子都会，因此，在普通家庭中非常流行。

寿司如今在日本得到了不断的发展和改变，也一跃成为日本的代表性料理。寿司如今已成为日本的骄傲，在日本被称为国民饮食。当寿司走出日本，成为全球性的食品之后，就不是日本所独有的了。由于世界各地的饮食文化各有差异，寿司进入世界各地之后，与当地饮食文化融合在一起得到了创新和改良，有些甚至改名换姓，直接以当地名字取而代之，如韩国的紫菜包饭、美国的加州卷等。泰国的寿司店迎合泰国人好辣的习惯，加大芥末的使用量，而且泰国寿司所用的生鱼块头之大，令日本人颇感惊讶。

寿司可以说是起源于中国，成名于日本，风靡于全球的国际料理。

107. 鲆鲽鱼有什么营养价值？

鲆鲽鱼肉质鲜嫩，口感清香，不仅骨刺少且非常适合婴幼儿娇嫩的胃。鲆鲽鱼肉营养丰富，富含蛋白质和氨基酸，尤其是必需氨基酸的含量与构成理想，是食物中的优质蛋白源。鲆鲽鱼含有不饱和脂肪酸，尤其是 EPA 和 DHA，对婴幼儿大脑和视力发育非常有益，并可减少老年人患白内障的概率。鲆鲽鱼富含维生素 A 和维生素 C 以及矿物质钙和铁等，其中，鲽鱼尾中含钙较多，常吃鲽鱼尾可补充钙质，有效预防老年人的骨折，其裙边部位含有丰富的胶原蛋白，有养颜美容之功效。此外，鲆鲽鱼中含有丰富的卵磷脂，能防止大脑功能衰退，延缓衰老、延年益寿。总之，鲆鲽鱼对人体美容、心脑保健、延缓衰老、促进儿童生长和智力发育都非常有利，是人类追求营养平衡、持久保健的一种十分理想的海洋鱼类美食。

108. 鮸鱼有什么营养价值?

鮸鱼也就是我们通常所说的米鱼，也叫鳘鱼、敏子、敏鱼、毛常鱼、命鱼，属硬骨鱼纲鲈形目石首鱼科鮸鱼属，形似鲈鱼，国内各沿海海域均有分布，尤以东海的舟山群岛产量最大，是宁波一带的特产之一。鮸鱼也是我国的出口鱼类品种，每年都会大量出口到日本等国家和中国港澳地区。

鮸鱼肉厚，骨松，刺少，肉质比较粗糙，颜色发黑，是制作鱼丸、鱼饼、鱼面的上等原料。鮸鱼鱼鳔更是珍品，与鱼翅、燕窝齐名，是“海洋八珍”之一，不仅营养丰富，还可以入药，具有很高的滋补与药用价值。鮸鱼鱼鳔富含胶原蛋白、黏多糖、多种维生素以及钙、锌、铁、硒等多种矿物质元素，是理想的高蛋白、低脂肪的优质食材，具有养血止血、补肾固精、消炎等多重功效，主治再生障碍性贫血、吐血、肾虚遗精、疮疖、痈肿、无名肿毒、乳腺炎等症。此外，还有增强脑力和神经系统功能，促进生长发育，提高免疫力，促进胃肠消化吸收等作用。农历五月是鮸鱼的盛产季节，也是最好的捕捞和品尝时节。

109. 海马是鱼类吗?

海马，因其头部酷似马头而得名，也有地方称之为水马、马头鱼。虽然海马的外形和我们常见的鱼类有较大的差别，但它却是一种近陆浅海的小型鱼类。海马的生理结构具有鱼类的典型特点：用鳃呼吸，有脊椎骨，有背鳍、胸鳍和臀鳍，因此生物学家将海马列入鱼类，隶属于刺鱼目海龙亚目海龙科海马属。

但与常见鱼类相比较，海马有着以下诸多与众不同的特点：

(1) 和常见鱼类的枝状骨骼不同。海马的胸腹部是由10～12个环状骨头组成的，尾部细长且能灵活伸屈。由于它的体表披着坚硬的环状骨板，看起来就像穿着甲胄的战马，又有点像传说中的龙，所以人们又称它为“龙落子”。

(2) 海马的两只眼睛能够分别单独旋转。在整个动物世界中，除了变色龙以外，恐怕再也找不出第三种具有这种本领的动物了。

(3) 海马以小型甲壳动物为主要食物，食物大小不超过细长吻管的直径。与普通鱼类不同，海马是靠吻管内的绒毛滤食的。觅食时，海马会用头部前端呈管状的吻将食物带水一起吸进嘴里，然后再将水吐出。海马的吻管内壁生有许多微小而细长的绒毛，可以代替普通鱼类的鳃耙，防止进入口中的食物又随着海水一起被吐出。

(4) 与普通鱼类不同，海马经常作直立游泳，完全依赖背鳍和胸鳍高频摆动缓慢移动，直升直降。海马不善游泳，喜欢将尾巴缠附在海藻枝或其他的漂浮物上。

(5) 海马还有一个与众不同且令人不可思议的特点，就是由雄海马负责“生孩子”。雄海马的腹部臀鳍末端有一个育儿囊。繁殖期间，雌海马会将卵子产入囊中，卵子在囊中受精并开始孵化。囊壁中充满大量血管，可以为卵子提供充足的营养。经过20～30天的孵化，小海马就可以发育完全，雄海马就可以分娩了。海马每年可以繁殖2～3代。

110. 鲆鲽鱼如何烹调?

鲆鲽鱼因骨刺少、肉质鲜嫩清香而有“海中雉鸡”的美称。在欧洲，它是制作鱼排和鱼片的上好原料，但在我国，其烹饪方法主要是清蒸，然后是清炖。清蒸鲆鲽鱼的具体方法：①将鱼两侧鱼鳞内脏去掉，并清洗干净。②在鱼身上划几刀，抹上盐，撒上少许料酒，腌制20 min左右。③在鱼身上和鱼盘内放入葱丝和姜丝，放入开水锅内蒸8～10 min，鱼较大时多蒸几分钟直至可以用筷子从鱼身上轻松刺过。④在蒸好的鱼身上淋上豉油、摆放一些彩椒丝和葱姜丝、浇上热油即可。

111. 马头鱼有何特点?

马头鱼学名方头鱼，隶属于鲈形目方头鱼科方头鱼属，因头部呈方形，有几分像马头，故称马头鱼。马头鱼为暖温性底层鱼类，一般栖息于沙泥底海区，为肉食性鱼种，分布于菲律宾南部到中国、朝鲜和日本南部海区，中国沿海均产。鱼体色彩有红、白、黄三种，其中白马头鱼味道最好，肉质软滑。

马头鱼肉呈蒜瓣状，肉质细嫩，营养丰富，深受日本人青睐，无论是蒸煮、煎炸和烧烤，都是绝佳美味。

但值得注意的是，马头鱼的生长周期较长，且为肉食性鱼类，因此体内可能会有一定的重金属富集。美国食品和药物管理局（FDA）提醒孕妇和儿童少吃或者避免吃鲨鱼、箭鱼、旗鱼及马头鱼，因为这4种鱼体内最容易积聚重金属汞。汞是一种可以影响胎儿中枢神经发育的有毒有害物质。

112. 鲥鱼有何特点?

鲥鱼，俗称迟鱼，属硬骨鱼纲鲱鱼目鲱科鲥属，体形呈长椭圆形状，侧扁，为溯河产卵的洄游性鱼类。每年农历的四、五月间从沿海进入长江产卵，应时而至，守时如同候鸟，故称“鲥鱼”。鲥鱼有长江第一味之称，为江南水中珍品，古为纳贡之物，因肉嫩、脂厚、鳞鲜、汤美而驰名古今中外。在长江三鲜中，它的美味在河豚和刀鱼之上。鲥鱼除了肉质鲜嫩、营养极其丰富之外，还可入药。《本草纲目》记载，鲥鱼“肉，甘平无毒，补虚劳。蒸油，以瓶盛埋土中，取涂烫火伤，甚效。”鲥鱼的鱼鳞片富有脂膏，味道特美，还具有清热解毒的功效。《养生经验合集》中称，鲥鱼鳞为“拔疔第一妙药”。

鲥鱼可清蒸亦可清炖，但烹饪时均不去鳞。

113. 石斑鱼有何营养价值?

石斑鱼属鲈形目鮨科石斑鱼属，为暖水性大中型海产鱼类，分布于热带与温带地区的海域珊瑚礁附近，我国主要分布在东海和南海各省。我国大概有45种石斑鱼，常见的有龙趸、青斑、老虎斑、点带石斑鱼、赤点石斑鱼，等等。其中，龙趸是石斑鱼家族中体型最大的，学名叫巨石斑鱼，龙趸是华南沿海和粤港澳地区的地方称谓，名字寓意吉祥。

石斑鱼肉质鲜美，营养丰富，是一种低脂肪、高蛋白的上等食用鱼，且多不饱和脂肪酸含量高，因此具有较高的食用价值和保健价值，是名贵的海洋经济鱼类，被港澳地区推为中国四大名鱼之一。因其肉质细嫩洁白，类似鸡肉，素有“海鸡肉”之称。据报道，龙趸的脊椎骨富含钙、磷及胶质，配以猪肉、鸡肉做成“煲龙夏骨汤”，是适合老年人、孕妇食用的补钙食品。龙趸皮厚而富含胶质，是女性美容食疗佳品。此外，龙趸乃美味珍馐，肉质不以嫩滑见优，而以爽滑取胜，故烹饪时要特别讲究火候。

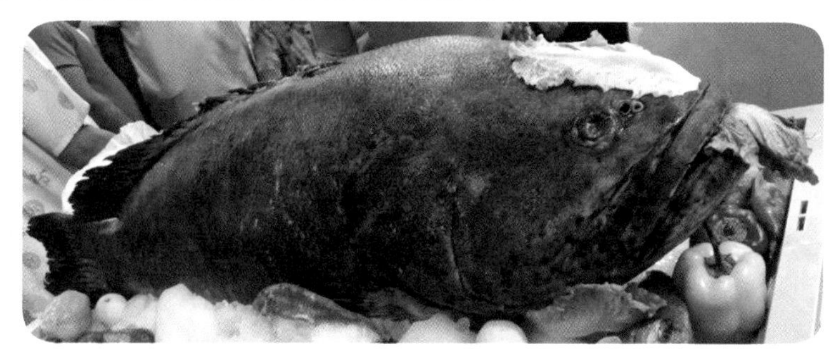

114. 海马有什么药用价值?

海马是一种珍贵的中药，用药历史悠久，早在梁代陶弘景《本草经集注》中已有记载，彼时称之为“水马”，唐代《本草拾遗》中首次使用名称“海马”。欧洲从 18 世纪开始，也将海马入药。海马与人参齐名，民间有“南方海马，北方人参”之说。

中医认为，海马性温味甘咸，无毒，入肾、胃经，主要功效为强身健体、补肾壮阳、温经通脉、散结消肿、调气活血、止咳平喘，多用于治疗阳痿、遗尿、虚喘、难产、失眠、疔疮等症。海马自古以来备受青睐，尤其是男士们，更对它情有独钟。现代医学研究也证明，海马不论雌雄，皆有类似雄性激素样的作用，且效力高于蛤蚧，因此国内外的市场需求量很大。海马也适合临产或难产的孕妇，但不适合怀孕期间的孕妇食用，因为它有活血堕胎作用。唐代陈藏器的《本草拾遗》中就有记载：“妇女难产，带之于身，甚验。临时烧末饮服，并手握之，即易产”。民间也有用炙海马治疗跌打损伤、创伤出血和内伤疼痛等。炙海马就是将海马用黄酒湿润，微火烘烤至酥松呈黄色即可，还可继续炮制成炒海马、油海马和海马粉。此外，现代研究证明，海马具有显著的抗疲劳、抗肿瘤、抗衰老等多种功效，因此，国内外对海马的关注也越来越多。

海马生活在浅海，主要分布在北太平洋西部，我国沿海都有，尤以南海最多，每年 8—9 月为盛产期。我国海南岛四周沿海和西南沙群岛近海都十分适宜海马繁衍生长，共有十余个品种，其中药用价值较高的为斑海马、刺海马、日本海马、大海马等品种。现在部分品种的人工养殖技术也取得了成功。

海马的食用方法：海马经捕捞上来之后，洗净晒干即可食用，且多数被研成粉末直接服用，或泡酒后以药酒形式服用，较少入煎剂，如炖汤。此外，海马较少单独临床应用，多与其他中药配伍。现在很多生产商也直接将海马制成多种合成药品，如丸剂，使海马的食用更加方便。

115. 食用石斑鱼存在什么安全隐患?

食用石斑鱼，一定要将内脏清理干净，尤其是卵巢，切忌食用石斑鱼的内脏，以免发生雪卡毒素中毒事件。

石斑鱼是典型的珊瑚礁鱼类。研究显示，珊瑚礁鱼类是雪卡毒素的主要载体，主要分布在 35°N～35°S 的太平洋、印度洋和加勒比海等热带、亚热带海域。目前，全世界带有雪卡毒素的鱼类约有 400 多种，其中我国有 30 多种，主要分布在广东地区和南海诸岛地区，包括常见的老虎斑、东星斑、苏眉等石斑鱼以及海鳗和沿岸金枪鱼等。

雪卡毒素是西加毒素的一种，是无色无味、脂溶性的大环聚醚类分子，耐热却容易被氧化，不易被胃酸破坏，主要存在于珊瑚礁鱼类的生殖腺和肝脏中，在鱼肉和鱼骨中的含量相对较低。

雪卡毒素属于神经性毒素，误食会导致人类神经系统症状（如四肢麻木、口舌麻木、肌肉痛、温度感觉倒错等）、心血管系统症状（如心动过缓、低血压、呼吸困难等）或消化系统症状（如腹泻、呕吐等），其中温度感觉倒错是雪卡毒素特征性表现，个别严重者可能会导致瘫痪、昏迷甚至死亡。雪卡毒素的中毒症状与麻痹性贝类毒素、河豚毒素等相似，但其毒性比河豚毒素强100倍，是已知的危害性较严重的赤潮生物毒素，也是对哺乳动物最强毒素之一。

但珊瑚礁鱼类体内的雪卡毒素并非与生俱来，而是通过食物链摄入含毒素的海藻类植物（如冈比亚藻等）而获得的，且具有逐级毒性放大的特点。珊瑚鱼愈大，毒性也会愈大，食用的安全风险也愈高。鱼体内含有雪卡毒素的情况毫无规律性，同一海域同一种属的鱼在某个时期有毒，另一时期可能无毒；同一种鱼因栖息环境不同而可能有些有毒，有些无毒；有些鱼种可能为小鱼时无毒而成为大鱼后有毒，因此容易造成人类食物中毒。因此吃此类鱼时，一定要把内脏尤其是卵巢剔除干净。一般认为，养殖的深海鱼，如若养殖海域没有受到赤潮或其他污染，鱼体不会感染雪卡毒素。雪卡毒素中毒现已成为世界性公共卫生问题，但目前来说还没有能够杜绝此类事件发生的好办法，且近年来中毒事件呈上升趋势，因此食用石斑鱼后要尤其注意，一旦出现类似消化道疾病的症状，要及时就医。此外，需要提醒的是，食用时还要避免同时喝酒及吃花生或豆类食物，以免加重中毒的程度。

116. 秋刀鱼有何营养特点？

秋刀鱼是颌针鱼目竹刀鱼科秋刀鱼属的唯一鱼种，别称竹刀鱼，也是重要的食用鱼类之一。秋刀鱼为冷水性表上层洄游性鱼类，在寒暖交汇处聚集，主要栖息在西北太平洋沿岸，主要有日本、俄罗斯、韩国、中国等。秋刀鱼生命周期较短，约2年，最大4龄，其资源丰富，是重要的远洋经济鱼类之一。

秋刀鱼含有丰富的蛋白质，其氨基酸构成符合联合国粮食及农业组织和世界卫生组织（FAO/WHO）规定的理想模式，不饱和脂肪酸含量较高，矿物质和维生素组成的比例均衡，总体来说是一种高蛋白、高脂肪的大众食品，营养非常丰富，且具有抗氧化、延缓衰老、预防高血压、心肌梗死、动脉硬化、夜盲症及贫血等疾病的作用。日本和韩国已将秋刀鱼作为中小学生营养午餐的指定食品。

秋刀鱼味道鲜美，营养丰富，适合蒸、煮、煎、烤等多种方法烹饪，且价格适中，因此深受广大消费者喜爱，在国内中、西餐店中均有销售。

117. 军曹鱼有何特点?

军曹鱼属鲈形目鲈亚目军曹鱼科军曹鱼属，是一种较大型的海水经济鱼类，俗称罔鱼、海竺鱼、犁鱼等，栖息于热带及亚热带较深的海区，在我国南海和东海等亦有分布，但海捕数量较少，因此在各地市场上较为少见。

军曹鱼为肉食性鱼类，其肌肉偏白色，肉质细嫩有弹性，味道鲜美，无细刺，营养价值还高，是做生鱼片的极品，比大西洋鲑更具市场竞争力，再加上军曹鱼生长速度很快，抗病能力强，产量高，因此，随着网箱养殖技术对军曹鱼的成功应用，军曹鱼已成为目前近海浮动式网箱和深海网箱养殖的主要品种之一。产品远销日本、韩国等地，具有广阔的养殖前景。

军曹鱼属于高蛋白、高脂肪的海水鱼类，营养丰富。其肌肉的蛋白质含量高达20%以上，且氨基酸构成符合FAO/WHO推荐的人体氨基酸需求模式，是一种较为平衡的优质蛋白食物源。军曹鱼肌肉的脂肪含量比较高，其脂肪酸的不饱和度较大。此外，还含有丰富的矿物质，铁、锌、铜、锰和硒这些微量元素也一应俱全，因此，军曹鱼具有很高的营养价值。

118. 丁香鱼是什么鱼？有何特点?

丁香鱼是商品名，泛指鳀鱼幼鱼的煮干品，也叫小银鱼。闽南沿海人又称饶仔、海蜒。大的有数寸长，小的只有寸把长。

丁香鱼体长而侧扁，腹部圆钝，无棱鳞，晒干后晶莹剔透，可用做点心的馅料，也可单独佐餐，味道鲜美，且整条可食。按体型大小，丁香鱼可分成Ss、S、Ms、M、L等几种规格，只是鱼体大小与产品质量没有直接关系，是否选购根据个人喜好而定。但若鱼体已经长大到头腹部骨骼明显，其产品就不能再称之为丁香鱼了，渔民俗称之为“粗头鱼”，其经济价值低于丁香鱼。按肉质，丁香鱼又可分为白肉饶、赤肉饶和乌肉饶3种，其中白肉饶是购买首选种类，其肉多刺少，体型小，味道绝佳。生产丁香鱼的原料主要有日本鳀、脂眼鲱、远东拟沙丁鱼等，其中日本鳀幼鱼是最佳原料，其产品脂肪含量适中，口感鲜美，色泽青白，久存不易变色，被认为是正宗丁香鱼。在日本，丁香鱼的产品品质被分成了五级，而在国内福建的地方标准《地理标志产品 定海湾丁香鱼》(DB 35/T 1241—2012) 中，则将丁香鱼产品从感官上分成了特级品和一级品两个等级，从鱼体长度上分成了大、中、小三种规格。

人们喜欢丁香鱼的原因不仅仅是它口感好，其食疗价值也高。据分析，丁香鱼中的必需氨基酸含量与军曹鱼、石斑鱼等海水鱼相近，并且各种氨基酸组成比例均衡，是一种不可多得的优质蛋白质来源。丁香鱼中富含大量多不饱和脂肪酸DHA，DHA对人体预防心血管疾病具有特殊效果，而其含有的脂溶性维生素A、维生素E，对人体防癌、抗癌、延缓衰老具有极为重要的作用。沿海人还习惯用丁香鱼辅助治疗慢性肠炎、肺结核等病症。此外，丁香鱼干中还含有丰富的牛磺酸以及钙、磷、铁、锌、硒等对人体生理功能非常重要的矿物质，因此丁香鱼干具有较高的营养价值，是一种健康的海产品。

丁香鱼现已畅销日本、韩国与东南亚地区的国家。每年的农历三、六、九月是丁香鱼旺发季节，故有"三六九饶"之说。2011年福建连江定海湾丁香鱼被成功授予国家地理标志产品称号，定海湾丁香鱼以味道甜嫩、咸淡适中、肉质鲜美、纯度高无杂质、不易断碎、营养丰富等特点而广受消费者推崇。

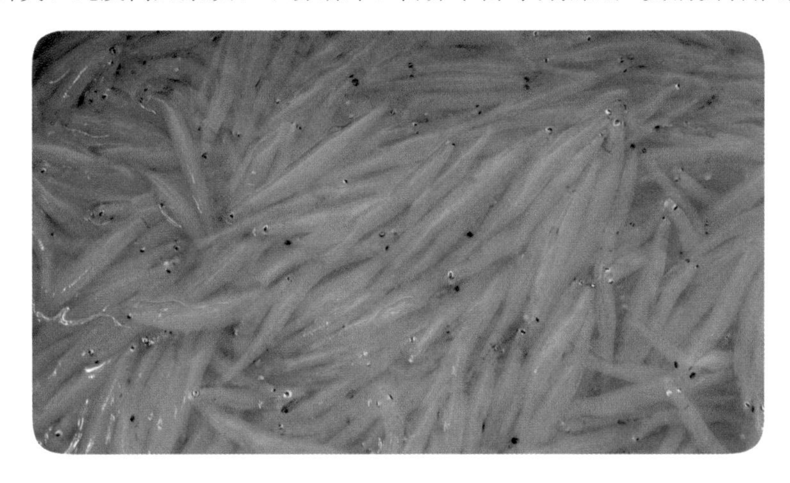

119. 金线鱼有何营养？

金线鱼隶属鲈形目金线鱼科金线鱼属，别名红三鱼、红线鱼、红衫、金线鲤等，主要分布于南海、东海海域在内的太平洋西部沿岸热带和亚热带海区，其中南海海域产量较多。金线鱼的最大外观特征就是其体侧具有明显的金色线状纵带条纹，品种不同，条纹数量有所不同，且尾鳍上叶有延长的黄色丝状线。

金线鱼是南海主要经济鱼类之一，其体型略小，肉质坚实，肉味鲜美，在两广地区是一种很受欢迎的食用鱼，可以鲜食，也常加工成咸干品。金线鱼营养价值很高，其肉质水分含量少，蛋白含量高，约为20%，各氨基酸种类齐全，含量较平衡，且必需氨基酸之间的比例适宜，符合FAO/WHO推荐的理想模式，属优质蛋白质。此外，金线鱼味甘、性温和，还具有平肝潜阳、息风止乱、滋阴调元的功效与作用。总之，金线鱼是一种营养均衡、营养价值相对较高、味道鲜美的海水鱼类，具有很好的食用和药用价值。

120. 豆腐鱼是什么鱼?

豆腐鱼学名为龙头鱼，属灯笼鱼目狗母鱼科龙头鱼属，俗称豆腐鱼、狗母鱼、细鱼等。龙头鱼属温、热带鱼类，广泛分布于太平洋、印度洋的温带和热带近岸海域及河口处。我国自浙江省以南沿岸都有分布，一年四季都有生产，资源较为丰富。

龙头鱼的营养价值较高，干基蛋白质含量可以高达70%，可以维持机体钾、钠平衡，消除水肿，提高免疫力，调低血压，缓冲贫血，有利于人体生长发育。龙头鱼富含胆固醇，能够维持细胞的稳定性，增加血管壁柔韧性，增加免疫力。龙头鱼富含矿物质元素镁，能够提高精子的活力，增强男性生育能力，同时也有助于调节人的心脏活动，降低血压，预防心脏病。此外，还具有调节神经和肌肉活动、增强耐久力等作用，具有很高的营养价值。其不足之处在于肉质过于柔软且水分含量大，极易腐烂变质，不易贮运保存，因此，龙头鱼产品除了少部分就地鲜销之外，其余多数都被加工成盐干品、鱼粉、鱼饲料等。近年来，随着加工技术的不断提高和推广应用，龙头鱼也逐步被加工为更多花样的食品，如烤鱼、鱼片、鱼丸、油炸食品等，进行再次销售，以提高其利用价值。

121. 有没有可以在陆地上行走的鱼?

有的。

跳跳鱼，学名弹涂鱼，属鲈形目虾虎鱼科弹涂鱼属动物，为暖水广温广盐性小型两栖鱼类，穴居生活于河口、港湾、潮间带的淤泥、滩涂及红树林区，主要分布于中国、朝鲜和日本。我国产于江苏、浙江、福建、台湾、广东和广西沿海，主要以硅藻为食，也食少量的圆虫和泥滩中的有机质。

跳跳鱼是一种奇特的鱼，它既能在水中游泳，又能在泥地上蹦来跳去，还能在陆地上行走，它可以跳出超过自身体长三倍远的距离，因此被称作跳跳鱼，只是，它是依靠胸鳍和尾柄在滩涂及淤泥上爬行或跳跃的。它有鳃，既能在水中呼吸，又能在空气中呼吸，是唯一一种能在陆地上活动的鱼类，只不过它必须完全依赖水来获得氧气，即使在陆地上行走时也是通过水来呼吸的。跳跳鱼离开水面时，它便利用自己的鳃部来储水，当它们在地上行走时，便可利用鳃盖里储存的水进行呼吸了。此外，它的两个眼睛像灯泡一样在头顶凸起，可以全方位、无死角地观察四周情况。

跳跳鱼虽然体型较小，但味道鲜美，富有营养，而且还有独到的食疗作用。据报道，跳跳鱼（弹涂鱼）有解毒补肾、活血止痛等功用，沿海渔民将其用酒炖服用以治疗耳鸣、重听等。此外，它还有“海中人参”的誉称。跳跳鱼有多种吃法，可氽汤、清蒸、红烧、熬汤、烧烤、爆炒、油炸，也可腌制咸鱼，颇受群众欢迎。

122. 虾虎鱼那么美味，真的有毒吗？

虾虎鱼，又叫鰕虎鱼，隶属鲈形目虾虎鱼科，是一种生活于沿海、港湾及河口的中小型鱼类，杂食性，善爬行，多数穴居，离水较长时间不死亡。国内主要分布在南海和东海。

虾虎鱼营养丰富，肉质鲜美可口，是沿海居民非常喜爱的食物。《本草纲目》中记载，虾虎鱼有“暖中益气”的功效。姚可成《食物本草》中则记载其有“食之主壮阳道，健筋骨，行血脉，消谷、肉”的功效。但其个别种类具有河豚毒素（一种毒性很强的生物毒素），如云斑裸颊虾虎鱼、犬牙细棘虾虎鱼、犬牙僵虾虎鱼、拟矛尾虾虎鱼等，被误食后可引起食物中毒，因此，每年都有因食用虾虎鱼而中毒的事件发生。

虾虎鱼类鱼体中的毒素都属于河豚毒素，其中个别种类的虾虎鱼的毒素来自自身肠道壁及皮肤上的嗜盐性海洋细菌，这类细菌能产生河豚毒素，但产生数量甚微。其次是来源于虾虎鱼摄入的含有毒素的食物，如藻类，这也是虾虎鱼体内河豚毒素的主要来源。因此，虽然含河豚毒素的虾虎鱼类数量和种类不多，但受毒藻等多种不确定因素的影响，虾虎鱼体内是否含有毒素也具有不确定性，虾虎鱼的具体种类、捕获时间、捕获地点等都对其有影响。因此，谨慎食用才不会对群众的生命构成大的危害。针对河豚毒素中毒，迄今尚无特效解毒药物或抗毒血清，所以应该以预防为主。

此外，虾虎鱼类与跳跳鱼同属鲈形目的虾虎鱼科，都是小型近海鱼类，尽管长相有点相似，但跳跳鱼却是一种安全食材。曾有报道误将跳跳鱼当作了引起食物中毒的元凶，后经专家辨认才发现元凶并非跳跳鱼，而是虾虎鱼。跳跳鱼与虾虎鱼从外形上看最大的区别就在于眼睛。跳跳鱼两只眼睛均长在头顶上，眼凸并能转动，而虾虎鱼眼睛平平或凹陷下去。二者很容易区分。

123. 真有会飞的鱼吗?

一般来说，鱼儿只能在水里游泳，但大千世界无奇不有，如今，既有能在陆地行走的跳跳鱼，也有能在空中滑翔的飞鱼。

飞鱼是颌针鱼目飞鱼科的鱼类统称，他们生活在热带、亚热带和温带的海洋里。全世界有50种飞鱼，我国近海就有30多种，如尖头燕鳐、燕鳐、少鳞燕鳐、真燕鳐等，其中南海种类最多。飞鱼最大的特征是拥有一对大而有力的胸鳍，长度相当于身体的2/3～3/4，是飞鱼飞翔的主翼，此外还有一对可以辅助飞翔的腹鳍。飞鱼展开胸鳍跃出水面后，可以在海面滑翔十余秒钟，最长滑行距离可达百米以上。鱼多时场面尤为壮观，真正是一类奇特的鱼。

据报道，真燕鳐的全鱼均可入药，其性味甘、酸、温，具有催产、止痛、解毒消肿之功效，可用于催产、胃痛、痔疮。尖头燕鳐、花鳍燕鳐也有相似药效。

但因飞鱼游泳快且受到刺激后能够跃出水面逃跑，因此成鱼难以大量网捕到，开发利用较少，但其鱼卵却比较容易采集到。每年春季，飞鱼常成群由深水向近海作生殖洄游，将卵附着于海藻之上。专业采卵船利用这一特性，将稻草编织成长方形草片浮子，引诱飞鱼将卵产在草片上而采捕。飞鱼卵营养价值较高，经加工后主要销往韩国、日本和中国台湾地区。但过度采捕也会造成生态平衡被打破，需要合理控制。

124. 文昌鱼为什么那么珍贵?

文昌鱼隶属脊椎动物门头索动物亚门文昌鱼科，是由无脊椎动物进化到脊椎动物的过渡阶段的一个珍稀物种，堪称生物进化史上的“活化石”，对研究人类等脊椎动物的进化具有非常高的研究价值，在整个动物学界内都非常受重视。虽然文昌鱼在世界各地均有分布，但其数量有限，反而在国内沿海分布相对较多，但也随着近几十年来栖息环境被破坏，数量不断减少，目前已沦为稀少物种。因此，文昌鱼对研究包括人类在内的脊椎动物起源与进化的学者来说，尤为珍贵。我国现已将文昌鱼列为国家二级保护动物，并在厦门和青岛建立了生态自然保护区，以保护和帮助恢复文昌鱼生存的生态环境。

作为国家二级保护动物的文昌鱼及其制品，是不允许任何形式的买卖交易和商业性开发的。因此，尽管它营养丰富、味道鲜美，但也不能因贪享美味就肆意捕捞文昌鱼。

125. 旗鱼有什么特点？

旗鱼，隶属鲈形目旗鱼科，又名芭蕉鱼，为太平洋热带及亚热带大洋性鱼类，国内主要分布于黄海、东海和南海。旗鱼因其第一背鳍又高又长，竖起来就像一面迎风招展的旗帜而得名，是公认的短距离内游泳速度最快的鱼类。

旗鱼具有很高的经济价值，可与金枪鱼媲美。常见种类有蓝枪鱼、条纹四鳍旗鱼和东方旗鱼等。旗鱼肉质柔软，其中条纹四鳍旗鱼的肉质尤佳，其肉色鲜艳呈桃红色，富含肌红蛋白，脂肪少，且味道鲜美，是制作高级生鱼片的上等原料。

126. 黄唇鱼，比黄金还贵？

黄唇鱼，一种中国特有的鱼种，属鲈形目石首鱼科黄唇鱼属，也称大鸥、白花、金钱鮸等，外形似大黄鱼，主要分布于东海闽南渔场和南海珠江口。20世纪60、70年代的珠江口是黄唇鱼主产区，产量很高，但随着环境恶化与过度捕捞，黄唇鱼资源锐减，濒临灭绝，现同文昌鱼一样，属于国家二级重点保护水生野生动物。2005年，国内首个黄唇鱼自然保护区在东莞设立，用以保护黄唇鱼生态环境，修复黄唇鱼资源。

黄唇鱼之所以金贵，并不是因为它的味道有多鲜美，事实上，黄唇鱼的肉质粗糙，味道一般，远不如大黄鱼美味。其金贵之处在于它对某些疑难杂症具有奇特药效，具有奇高的药用价值，尤其是鱼鳔，其早年卖价就已贵过同等重量的黄金。

鱼鳔又称鱼肚，与鲍鱼、海参、鱼翅并列四大名贵海产品。黄唇鱼鱼鳔可以制成上等花胶（或称黄鳌胶），其特殊功效在于具有较强的滋补作用。根据中医典籍记载，鱼鳔有固本培元、强身健体的功效，对治疗产妇大出血、妇女经亏等有奇效。现代医学研究也证明，黄唇鱼鱼鳔确有缓解疲劳、治疗肺结核、风湿性心脏病、再生障碍性贫血、神经衰弱等功效，并对食道癌、胃癌也有一定疗效。

127. 中华鲟有什么特殊价值?

中华鲟，一种暖温性大型溯河洄游性名贵珍稀鱼类，属鲟形目鲟科鲟属，是我国特有鱼种，现仅在我国长江流域尚有分布，因濒临灭绝，为国家一级保护动物。中华鲟是一种原始古老的软骨硬鳞鱼类，距今已有 2.3 亿多年的历史，具有“活化石”之称，是世界现存鱼类中最原始的种类之一，因此，在学术科研及考古上具有非常重要的价值和意义。

中华鲟生在长江，长在大海。成年鲟鱼一般生活在长江口流域的浅海区，每年的夏、秋两季会洄游到长江上游江段去产卵繁殖，之后幼鱼降河洄游到长江口，待育肥后回到大海生活。中华鲟性成熟晚，需要十年才能成熟繁育，不仅繁殖期长，成活率低，还受环境恶化、人类活动干扰等多种因素影响，因此其野生资源几度濒临灭绝。为保护和拯救中华鲟物种，国内在长江全段实施禁捕政策，并在中下游设立多个中华鲟自然保护区，上海市甚至出台了中华鲟的专属法规——《上海市中华鲟保护管理条例》。如今，中华鲟人工繁育技术已取得成功，中华鲟资源有望得到更好的维护。

此外，除了特殊的科研价值之外，中华鲟还具有较好的药用价值。据《本草纲目》记载，中华鲟“肝主治恶疮疥癣，肉补虚益气，令人肥健。煮汁饮，治血淋。鼻肉作脯，补虚下气”。其肉、卵、鳔均可药用。

128. 哪些“鱼”不是鱼?

在海洋和内陆水域中，我国可食用的鱼类约有 2 万种以上，但并不是所有名称上带“鱼”字的水产品都归属鱼类。典型的有：

鲍鱼，又称鳆，是海洋中的腹足类单壳软体动物，别称海耳、九孔螺、将军帽等。鲍鱼肉质柔嫩细滑，滋味极其鲜美，非其他海味所能比拟，素有“海味之冠”的美称，价格昂贵。鲍鱼肉中含有鲜灵素Ⅰ和鲍灵素Ⅱ，有较强的抑制癌细胞的作用，其贝壳叫石决明，可供药用。鲍在世界上有 100 多种，国内比较出名的品种有北方产的皱纹盘鲍和南方产杂色鲍、洋鲍等。

鱿鱼，也称枪乌贼、柔鱼，海洋头足类软体动物，隶属于软体动物门头足纲鞘亚纲十腕总目管鱿目开眼亚目，生活在 40～80 m 的深海处，以摄取小鱼、甲壳类及浮游生物为食饵。鱿鱼的营养价值很高，是一种高蛋白低脂肪的名贵海产品。鱿鱼富含蛋白质、牛磺酸、矿物质和维生素等多种人体所需营养成分。

墨鱼，又名乌鱼、乌贼，海洋头足类软体动物，隶属于软体动物门头足纲乌贼目。墨鱼体内有个墨囊，遇敌害攻击时，会释放出黑色的墨液，然后乘机逃走，故称墨鱼。墨鱼富含蛋白质，食用味道鲜味，还可入药。

章鱼，又称八爪鱼、坐蛸、石居等，属于软体动物门头足纲八腕目，多栖息于浅海沙砾、软泥及岩礁处。章鱼具有出色的记忆力和较高的智力，其腕力强劲，能够移动比自身重量重20倍的东西。章鱼除可鲜食外，还可加工成章鱼干，味道鲜美，营养丰富，蛋白质高于大黄鱼。

鲸鱼是生活在海洋里的世界上最大的哺乳动物，不是鱼。尽管它生活在海洋中，但它用肺呼吸，不是鳃。

甲鱼，又名鳖，爬行类动物，有甲壳，生活于河湖池沼中，用肺呼吸，无鳃，故常浮于水面，习性似龟，但又与龟不同，隶属于脊椎动物门爬行纲龟目鳖科鳖属。甲鱼肉营养丰富，壳可入药。但死甲鱼中组胺含量很高，误食容易引起食物中毒。

鳄鱼，一种冷血的卵生动物。鳄鱼不是鱼，属爬行动物，是迄今发现活着的最早和最原始的动物之一，与恐龙是同时代的动物。

娃娃鱼，学名大鲵，是世界上现存最大的也是最珍贵的两栖动物。它的叫声似婴儿啼哭，因此得名娃娃鱼，主要生活在山谷溪水中，属国家二级保护动物。

美人鱼，又名儒艮，为哺乳动物，栖息于亚洲热带、副热带河流及浅海湾内，喜水质良好并有丰沛水生植物的海域，定时浮出海面换气。因雌性儒艮偶有怀抱幼崽于水面哺乳的习惯，故儒艮常被误认为美人鱼。

129. 剥皮鱼是什么鱼？

剥皮鱼，学名绿鳍马面鲀，为鲀形目革鲀科马面鲀属的鱼类，另有俗称橡皮鱼、马面鱼等，国内主要分布于东海、黄海海域，属于外海近底层鱼类。

剥皮鱼外形奇特，丑陋，再加上隶属于鲀科鱼类，因此人们怀疑它同河豚一样有毒，质疑它的食用安全性。但经多方试验证明了马面鲀肉无毒，完全可供食用。个别人食用马面鲀后也可能和某些水产品一样产生过敏反应，但这不是马面鲀特有的，属于水产品过敏反应，不属于食物中毒，就如同有人吃虾过敏一样。

剥皮鱼为我国重要的海产经济鱼类之一，其年产量仅次于带鱼，可供鲜食或者加工成鱼干、肉松，且是一种价廉物美的食用鱼。剥皮鱼的皮不能吃，因此在加工时需将整个皮都剥掉，因此得名剥皮鱼。新鲜剥皮鱼，经三去（去头、去皮、去内脏）处理后，可采用红烧、油炸、糖醋、清蒸、熏鱼等各种方法烹调，味道鲜美。剥皮鱼肉质细嫩、紧密又强韧，刺少，是制作肉松的上等材料，小儿食用后可治小儿营养不良、食欲不振，经常食用对病后体弱、营养不良、食欲不振等都有疗效。剥皮鱼的肝可提炼肝油，肝油具有健胃消食、清热解毒、止血养阴之功效。此外，剥皮鱼生活在海水近底层，受污染的影响较小，体内有害元素含量低，其品质相对较为安全。

130. 鳐鱼有什么营养价值?

鳐鱼，是鲨鱼的近亲，是多种板鳃类软骨鱼的统称，隶属鳐形目，分鳐科、魟科和鲼科，大连地区的人们称之为老板鱼。鳐鱼分布于全球的热带、亚热带和温带沿海水域，我国南海和东海均有。其中最为熟悉的品种就是蝠鲼，也称魔鬼鱼。

鳐鱼可食用，也可药用，属大型经济鱼类之一。鳐鱼的肉、皮、软骨等均可食用，不仅味道鲜美，且富含营养，其肝可用于提炼鱼肝油，此外，部分鳐鱼的鳃耙可入药。据《中国药用动物志》记载，蝠鲼鳃耙具有清热解毒、活血化瘀、疏风透疹等功效，可主治体虚、儿童麻疹等症状，还可促进产后母乳分泌。

131. 影响鱼类食用安全的因素有哪些?

鱼类是人类重要的食物来源，不仅味道鲜美，还富含人体易于消化的蛋白质和氨基酸，是高蛋白、低脂肪的健康食品。尤其是深海鱼类，其不饱和脂肪酸含量较高，对心脑血管疾病等有防治作用，甚至有些鱼类可有效抑制癌细胞、调节精神性疾病，具有较好的医疗保健作用和较高的药用价值。但食用鱼类也存在一定的安全隐患，包括以下几点:

(1) 重金属。随着工业采矿、冶炼、化工生产等活动，含有重金属的工业三废不断排入环境，最终导致土壤、空气和水域中的重金属残留越来越多，这些重金属通过食物链最终进入人们的饮用水和食物中，对人体产生毒害作用。水产品体内很容易富集重金属，并且食物链上的水产品有逐级累积和放大的作用，尤其是近海的水产品，受到此类污染的可能性大一些，容易发生重金属超标现象，因此，深海鱼类相对近海鱼类来说就更加安全了。需要说明的是，受污染的近海鱼类是存在安全隐患的，但并不意味着所有近海鱼都不能食用。

(2) 药物残留。在水产养殖过程中，总是避免不了使用一些药物治疗疾病，但我国对药物的使用有明文规定，列出了一系列禁用药物，如氯霉素、硝基呋喃、恩诺沙星等抗生素类药物，并规定严禁使用禁用药物。但一些养殖人员为了减少损失，加之这些药物的疗效显著，仍在违禁使用。水产品中抗生素残留可通过食物链进入人体并在体内蓄积，长期摄入药残超标的水产品会引发人体疾病。

(3) 天然毒素。有毒鱼是我们所熟知的危险隐患之一。有些鱼本身就含有毒素，甚至是致命的剧毒，如河豚等，但有些鱼是受所处环境的外来因素污染才变得有毒，如赤潮发生地带的鱼类，因食用了有毒的藻类才在体内积聚了一定的毒素。还有些鱼在新鲜状态下无毒无害，但一旦死后存放时间过久，人在食用后就会发生中毒现象，如鲐鱼等，因为其肌肉中含有大量组氨酸，死后分解释放出组胺，组胺过量就会对食用者产生毒害作用。

（4）寄生虫。人们总是难以抵挡生鱼片的新鲜美味，越来越多的人喜欢吃生鱼片，但不少人因吃生鱼片而感染了寄生虫。在集约化水产养殖环境下，淡水鱼鱼体中寄生虫感染的现象较为频繁，不仅给养殖户带来经济损失，更严重的是给食用者带来安全隐患。一般的寄生虫经过高温水煮后都可以杀死，不会对人体产生危害，但如果直接食用带有寄生虫的生鱼片的话，寄生虫就会进入人体消化道，进而侵入人体其他器官，造成病害。因此，建议人们少吃生鱼片，尤其是淡水鱼做成的生鱼片，不吃为宜。

（5）微生物。水产品最常见的生物性危害还包括致病菌，如副溶血性弧菌。夏季高温期间，是副溶血性弧菌食物中毒高发期，海产品带菌率可高达90%以上，以墨鱼、海蟹为最高，其次是带鱼、大黄鱼等。此外，部分水产品携带的病毒也能对人体产生安全隐患，如甲型肝炎病毒、诺沃克病毒等。1988年上海30万人患上甲肝病就是因为食用了被甲肝病毒污染、又没充分加热的毛蚶引起的。一般，滤食性贝类体内富集的病毒较多。

生食水产品最易致病，因此在夏季生食海产品时尤其要注意产品的卫生质量安全。醉制或腌制等手段不足以杀灭微生物和寄生虫，尽量少吃或不吃这类产品。

132. 哪些是食用鱼类禁止使用的药物?

为规范养殖用药行为，保证动物源性食品安全，维护人们身体健康，农业农村部于2020年9月30日发布了《水产养殖用药明白纸2020年1、2号》(以下简称《明白纸》)。《明白纸》中列出来了动物食品中禁止使用的药品及其他化合物清单，详见下表。

序号	禁用药品及其他化合物名称
1	酒石酸锑钾(antimony potassium tartrate)
2	β-兴奋剂(β-agonists)类及其盐、酯
3	汞制剂：氯化亚汞(甘汞)(calomel)、醋酸汞(mercurous acetate)、硝酸亚汞(mercurous nitrate)、吡啶基醋酸汞(pyridyl mercurous acetate)
4	毒杀芬(氯化烯)(camahechlor)
5	卡巴氧(carbadox)及其盐、酯
6	呋喃丹(克百威)(carbofuran)
7	氯霉素(chloramphenicol)及其盐、酯
8	杀虫脒(克死螨)(chlordimeform)
9	氨苯砜(dapsone)
10	硝基呋喃类：呋喃西林(furacilinum)、呋喃妥因(furadantin)、呋喃它酮(furaltadone)、呋喃唑酮(furazolidone)、呋喃苯烯酸钠(nifurstyrenate sodium)
11	林丹(lindane)
12	孔雀石绿(malachite green)
13	类固醇激素：醋酸美仑孕酮(melengestrol acetate)、甲基睾丸酮(methyltestosterone)、群勃龙(去甲雄三烯醇酮)(trenbolone)、玉米赤霉醇(zeranol)
14	安眠酮(methaqualone)
15	硝呋烯腙(nitrovin)
16	五氯酚酸钠(pentachlorophenol sodium)
17	硝基咪唑类：洛硝达唑(ronidazole)、替硝唑(tinidazole)
18	硝基酚钠(sodium nitrophenolate)
19	己二烯雌酚(dienoestrol)、己烯雌酚(diethylstilbestrol)、己烷雌酚(hexoestrol)及其盐、酯
20	锥虫砷胺(tryparsamile)
21	万古霉素(vancomycin)及其盐、酯

133. 近海和河口的鱼体中含有哪些重金属?

重金属，即密度大于5 g/cm^{3}的金属元素，大约有45种。食品中的重金属污染物通常是指那些对人体具有显著毒性的重金属，主要包括镉、铅、铬、汞以及类金属砷等。重金属污染是食品质量安全的重要因素之一，多数重金属具有在体内蓄积的特点，并能对人体产生急性和慢性毒副作用，甚至有致畸、致癌、致突变作用。

受陆源污染以及河流排污的影响，近海、沿岸河口以及港湾区是重金属污染较为严重的地区，水体中的重金属含量一般均高于外海。近年来，国内各沿海地区纷纷对近海区域的重金属污染状况做了调查，发现近海的甲壳类和软体动物中重金属污染情况最为严重，其中尤以镉污染最高，鱼体中的重金属污染相对较轻。对于生活在上、中层水域的鱼类来说，鱼体中的重金属积累量主要取决于其生活的水环境中的重金属浓度；对底栖鱼类来说，则取决于水和沉积物中的重金属浓度。有研究发现，底栖鱼类鱼体中重金属含量要略高于中上层水域中的鱼类。经调查，南海北部海域的经济鱼类中检出的重金属主要有铅、铜、锌、镉、铬、镍等；浙江沿海的主要经济鱼类中检出的重金属主要有锌、铜、砷、铅、汞、铬、镉等。可见，不同地区不同海域中鱼体内重金属污染状况不尽相同，与当地水质状况密切有关。

134. 重金属超标有什么危害?

镉、铅、汞、砷是海产品中最易超标的四种重金属，且对人体健康的影响也很大。经研究发现，重金属对人体的危害程度与其化学形态及其进入人体的途径和方式密切相关，我们分别介绍下这四种重金属对人体的危害作用。

(1) 镉。金属镉本身无毒，但其蒸气有毒，化合物中以镉的氧化物毒性最大，而且属于累积性的。不同化学形式的镉盐在动物体消化道内的吸收率不同，呈现的毒性也有所差异。易溶于水的氯化镉、硝酸镉等镉化合物容易被动物吸收，因而对机体的毒性也较高。镉对生物体的肾、肺、肝、睾丸、脑、骨骼及血液系统均可产生毒性，而且还有致癌、致畸、致突变作用。肾损伤是慢性染镉对人体的主要危害，一般认为镉所致的肾损伤是不可逆的，目前尚无有效的疗法。镉被国际抗癌联盟（IARC）定为IA级致癌物，可以引起肺、前列腺和睾丸的肿瘤。20世纪50年代发生在日本的“骨痛病”震惊世界，就是慢性镉中毒所致。

（2）铅。铅是有害重金属，在人体内无任何生理作用，理想血铅浓度应为零。铅具有蓄积性，长期接触或通过食物摄入铅，会导致其在人体组织中蓄积。重金属铅具有广泛的毒性效应，能对多个器官和系统造成损伤，如中枢和外周神经系统、心血管系统、肾脏和生殖系统等，直接危害人类健康。铅是神经细胞分化的抑制剂，铅中毒引发的最明显特征就是神经生理损伤和认知缺陷。儿童由于其中枢神经系统没有发育成熟，对毒物敏感性更高，铅毒能够严重影响儿童智力发育。肾脏是铅毒作用的主要靶器官之一，可引起肾脏损伤。此外，铅不仅能够引起高血压，还能导致心血管系统机能不良甚至心血管系统疾病。铅可影响下丘脑-垂体-性腺轴，对生殖功能产生暂时或永久性损伤。

（3）汞。海水鱼中的汞元素有无机汞化合物和有机汞化合物两种形式，其中有机汞化合物的毒性比无机汞化合物的毒性强得多，而在有机汞化合物中，甲基汞又是毒性最强的，是无机汞的几百倍。甲基汞能与人体内含巯基的膜蛋白相结合，扰乱蛋白功能，最终导致人体多种系统紊乱，尤其对脑组织伤害最大。甲基汞中毒可引发水俣病，这是一种全球公认的典型的甲基汞污染导致的公害病。此外，甲基汞有明显的致畸作用，对胎儿和幼儿的危害很大。母体中的甲基汞容易通过胎盘被胎儿吸收，导致胎儿神经系统损伤，产生先天性水俣病。研究表明，经常食用含甲基汞水产品的妇女，其胎儿红细胞中甲基汞含量会比母体高30%以上。

（4）砷。水产品中砷的存在形式有无机砷和有机砷两种。其中，无机砷（包括三价砷和五价砷）在产品中的比例通常比较低，小于总砷的1%～4%。水产品中有机砷的主要存在形态是砷甜菜碱，此外还有一甲基砷酸、二甲基砷酸和三甲基氧化砷等。砷的毒性与其形态密切相关。有机形态的砷，除砷化氢的衍生物外，一般毒性较弱；而无机砷的毒性一般都较强，其中三价砷离子对细胞毒性最强，如三氧化二砷、三氯化砷、亚砷酸、砷化氢等砷的化合物，都有剧烈毒性；五价砷离子毒性不强，产生中毒症状较慢，但若在体内被还原成三价砷离子，就会产生毒性。砷化合物毒性（以半数致死量 LD_{50} 计）从大到小依次为砷化氢＞三价砷离子＞五价砷离子＞一甲基砷酸＞二甲基砷酸＞三甲基砷氧化物＞砷糖。砷中毒可分为急性中毒及慢性中毒两大类。急性中毒可引发患者重度胃肠道损伤和心脏功能失常，并伴有神经系统症状，严重者会昏迷、休克甚至死亡。亚急性中毒作用主要累及呼吸系统、消化系统、心血管系统、神经系统、免疫系统等。长期接触砷剂可致慢性中毒，出现肝大、皮肤变黑等症状。此外，砷具有致癌性，研究发现，长期接触砷或摄入含砷的饮食，会引发皮肤癌、呼吸系统癌、膀胱癌、泌尿道癌、肝癌、前列腺癌等内脏癌症，因此，现已被列为一级致癌物质。

135. 如何预防组胺过敏性中毒?

生物胺是含氮的低分子量碱性有机物，广泛存在于各种食品当中，其中，组胺作为引起水产品食物中毒的主要生物胺，已被广泛关注，而尸胺、腐胺的存在可增强组胺的毒性作用。

组胺中毒是由于组胺可引起毛细血管扩张和支气管收缩。由于组胺为一种过敏性毒物，因此，对组胺过敏的人即使吃一口这样的鱼也可引起反应。临床表现为发病快，潜伏期为10 min～3 h；发病率高，一般在30%～50%；轻度症状主要是脸红，胸部以及全身皮肤潮红和眼结膜充血，同时还有头痛、头晕、胸闷、全身乏力和烦躁等现象，患者一般在1～2 d内恢复，愈后良好，治疗时可给予抗组胺药物和对症处理。

含高组胺鱼类主要有鲐鱼、鲅鱼、竹筴鱼、金枪鱼、青鳞鱼、鲣鱼等青皮红肉鱼类。食用不新鲜或腐败的这类鱼可引起中毒。因此，要预防组胺中毒，就必须在此类鱼及鱼产品储、运、销的各环节进行冷冻冷藏，尤其是远洋捕鱼更应注意冷藏，市场供应的鲜鱼应采用冷藏货柜或加冰保鲜等措施。消费者在选购时一定要特别注意其新鲜度，如发现鱼眼变红、色泽差、鱼体无弹性的不要购买，更不能食用。烹调前要去除鱼的内脏，洗净，烹调加工时要充分加热，采用油炸和加醋烧煮等方法可使组胺减少。

136. 哪些食用鱼类含有天然毒素?

目前，鱼体中存在的危害性较大的天然毒素主要有河豚毒素、雪卡毒素。且有些鱼只在其个别组织器官内有毒素蓄积，而其余部位无毒。

河豚毒素主要存在于硬骨鱼亚纲豚形目所属的河豚及其他生物体中。全球河豚约844余种，我国就有34种之多，以鲀科东方鲀属为代表，除了东方鲀、豹纹东方鲀、密点东方鲀、紫色东方鲀、杂色膜刺鲀等鱼中存在河豚毒素外，还发现蝾螈、虾虎鱼、翻车鱼、豪猪鱼、日本象牙螺、喇叭螺中也存在河豚毒素，兰环章鱼毒液的主要成分也为河豚毒素。值得注意的是，并非所有鲀科和刺鲀科鱼体中都有毒。有时人工养殖的河豚却无毒，如我国出产的红鳍东方鲀和暗纹东方鲀两个品种的养殖产品就无毒，长年出口日、韩市场，且质量安全性远远超过日本、韩国的本土养殖品种。

目前已知能够蓄积雪卡毒素的深海珊瑚礁鱼约有400种，多栖息于珊瑚周围。部分品种的珊瑚礁鱼类本身就含有毒素，但有些珊瑚礁鱼类的毒素来源于食物链，当他们摄入以具有毒素的珊瑚藻为食物的小鱼后，就会逐级富集毒素，因此，珊瑚礁鱼类体内的毒素具有不稳定性，与其生活环境和食物来源有密切关系。我国常见的珊瑚礁鱼的品种包括老虎斑、东星斑、老鼠斑、青斑、红曹、西星斑、杉斑、苏眉鱼、红斑、芝麻斑、龙趸和泥猛鱼等十多个品种。

在鱼类器官和组织中含有的毒素可分为卵毒、血毒、肝毒、刺毒等。卵巢有毒的鱼除上述品种外，还有青海湖裸鲤，软刺裸裂尻鱼，部分品种的光唇鱼、鲶鱼等；血液有毒的主要是黄鳝和鳗鲡；肝脏有毒鱼类主要有蓝点马鲛、鲨鱼、鳕鱼、七鳃鳗鱼、青海鳇鱼等；具有毒棘或毒腺的鱼类主要有虎鲨类、魟类、鲶类、鳜鱼类等。

137. 鱼类等水产品的推荐摄入量是多少？有膳食指南吗？

根据营养科学原则和当地百姓健康需要、食物供应情况等，国际组织和世界各国的政府、组织或相关权威机构均有出台膳食指南（dietary guidelines，DG）。国际上第一部膳食指南于1968年正式出台，我国于1989年出台第一部，2022年4月26日出台了第五部。《中国居民膳食指南（2022）》首次提出以东南沿海一带膳食模式代表我国“东方健康膳食模式”，该模式提出日常膳食要蔬果丰富，常吃水产品、大豆制品和奶制品，菜肴要清淡少盐等，并提倡每周至少食用鱼虾等水产品2次或300～500 g。根据调查，目前我国居民对畜肉、禽肉、鱼肉和蛋类的摄入量差异较大，畜肉摄入量过高，鱼肉、禽肉摄入量过低。而增加鱼类的摄入量可减少脑卒中的发病风险。因此，《中国居民膳食指南（2022）》中优先推荐食用鱼类。

138. 常见鱼类都有哪些药物超标现象？

高密度、集约化的水产养殖加剧了养殖动物的疾病发生，部分养殖户为了减少损失，采取了一些不恰当的用药方式和手段，如过量用药、不遵守休药期规定、使用违禁药物等，造成水产品体内药物残留超标现象时有发生。鱼类中常见的超标药物主要有：消毒剂类药物，如硫酸铜、三氯乙腈尿酸等；杀虫驱虫类药物，如菊酯类药物、甲苯咪唑等；抗生素类药物，如氯霉素、土霉素等；磺胺类药物，如磺胺嘧啶、复方新诺明、磺胺噻唑等；硝基呋喃类，如呋喃唑酮、呋喃西林、呋喃它酮等；喹诺酮类，如盐酸环丙沙星、恩诺沙星等；激素类，如喹乙醇、甲基睾丸酮、己烯雌酚等。

出现药物超标的鱼类主要有：大菱鲆（多宝鱼）、大黄鱼、鲈鱼、石斑鱼、鳗鲡、乌鳢、罗非鱼、黄鳝、斑点叉尾鮰、鳊鱼、鲫鱼、草鱼、鲤鱼等。

第二章 虾 类

139. 常食用的海虾类有哪些？

海虾的种类丰富，仅在中国近海的海虾品种就多达476种。海虾中最常食用的是对虾，包括斑节对虾、中国对虾、南美白对虾、日本对虾、墨吉对虾、长毛对虾等，另外还有新对虾、仿对虾、鹰爪虾、毛虾、磷虾、虾蛄、龙虾、螯龙虾等。

140. 海虾的营养价值如何？

海虾是著名的高蛋白低脂肪海鲜食品，蛋白质含量占体重的16％～20％，而脂肪含量却不到体重的0.2％，且主要由不饱和脂肪酸组成。海虾中富含牛磺酸和镁，可以降低人体血压和胆固醇含量，有利于预防心血管疾病。海虾中含有丰富的锌、硒、碘等微量元素，能够增强人体免疫力；海虾体内富含虾青素，具有抗氧化、抗衰老等作用。

141. 海虾不能与什么一起吃?

食用海虾时不能同时服用大量维生素 C。因为海虾等甲壳类海鲜中含有高浓度的五价砷化物，其本身对人体无害，但是如果同时服用大量维生素 C，五价砷会被还原成为有毒的三价砷。

建议海虾不要与柿子、山楂、石榴等含鞣酸较高的食物混着吃。因为海虾中含有较高的钙、铁、锌等矿物质，容易与鞣酸结合生成沉淀，不仅降低了矿物质的吸收，而且会导致头晕、呕吐、腹痛等症状发生。

142. 怎样区分海虾与河虾?

从广义上讲，虾可以分为海虾和河虾两大类。海虾以对虾、红虾、毛虾等为主要品种，河虾则以沼虾、草虾等为主要品种。海虾的外壳薄但是却比较硬，虾壳上有略微红色或者蓝色的小斑点，虾体透明美观。某些品种的河虾长有螯，特别是从头开始数起的第二对步足非常粗大，其长度差不多是其体长的 2 倍，并且强壮有力，可用来攻击和防御敌害。另外，河虾的头部和胸部比海虾更为宽大，这也是海虾与河虾的主要区别之一。

143. 如何防止虾类黑变?

底物、酚氧化酶和氧是引起虾类黑变的主要因素。通过抑制酚氧化酶的活性、添加替代底物参与氧化还原反应或隔绝氧气，均能有效降低虾类黑变的发生。常用的防止虾类黑变的方法有以下几种：

（1）低温贮藏。低温不仅可以抑制细菌繁殖，而且能抑制酚氧化酶的活性，然而在冷藏或冰藏条件下防止黑变的作用不明显，为防止虾类黑变，必须在−18 ℃以下进行冻藏。

（2）隔绝氧气。冰水浸泡法不仅可以抑制细菌繁殖，而且可以有效隔绝空气。真空包装或气调包装能够有效降低酚氧化酶作用，推迟虾类黑变的发生。

（3）食品添加剂。亚硫酸盐是对虾保鲜加工中常用的抗氧化剂，能够降低局部氧浓度，抑制酚氧化酶的活性，有效防止虾体黑变。植酸可以络合酚氧化酶的金属离子从而达到抑制酶促褐变的目的。抗坏血酸、草酸、乳酸等具有还原性，可以代替底物参与氧化反应。山梨酸具有防腐作用，可以抑制腐败菌的生长，间接预防虾类黑变。

（4）生物活性物质。溶菌酶、壳聚糖、魔芋甘露聚糖、茶多酚等生物活性物质能有效抑制微生物的生长繁殖，从而减缓蛋白质的降解，抑制虾类黑变。

144. 如何分辨野生海虾和养殖海虾？

（1）野生海虾和养殖海虾外观有较大差别。养殖海虾的须子很长，而野生海虾须子短。

（2）野生海虾的壳很厚。买虾的时候只要轻轻捏一捏，感觉壳比较硬，很有弹性的就是野生海虾。养殖海虾的钙质不如野生海虾好，所以虾壳摸上去的感觉就是会觉得薄一些。

（3）野生海虾色泽亮。野生海虾的色泽比养殖海虾的亮，颜色会比养殖海虾浅且偏黄。

（4）野生海虾口感好。新鲜的野生海虾煮熟了以后壳易剥，而且肉质弹口。养殖海虾生命力不强，易死亡，煮熟了以后壳和肉容易粘连，口感不好。

145. 虾类黑变的原因是什么？

虾类黑变是指虾死后在体表出现褐变的现象，是由虾类发生变质时围绕虾类体内的酚氧化酶发生的一系列生理生化反应引起的。虾体死亡后，蛋白质等在蛋白酶及微生物作用下分解成酪氨酸或类似的水溶性色原物质，在氧和紫外线存在的条件下，酚氧化酶将上述色原物质氧化，经过一系列反应，最终生成黑色素，在虾体表面形成黑斑。通常虾类黑变的前后顺序：头部—尾部—外壳下部—游泳足—前足—虾体全身。虾类黑变出现的快慢因位置而不同，这主要与不同位置所含有的酚氧化酶活性不同有关，头胸部的酚氧化酶活性最高，因而更易黑变。研究发现，酚氧化酶在冷冻、冰藏和解冻期间仍然保持着活性。

146. 如何挑选海虾？

新鲜的海虾，体表和腹肢不发黑，头部和表面不发红，头、胸甲与虾肉连接在一起。一是看养在水里的活虾，用网子去捞时游得越快的越强健越新鲜。二是看色泽，虾壳硬且有光泽的是肉质比较鲜美的。三是看壳与肌肉之间紧密程度，鲜虾这两者之间是非常紧实的，不易用手剥开，但如果是久置的虾很容易用手剥开。四是静静观察，鲜虾会时不时有气泡吐出，说明有正常的生命呼吸。五是闻味道，虾有一种腥味，越腥说明越新鲜，但不是腐烂的霉味，如果已经产生异味，就不新鲜了。

147. 虾的常见烹调方法有哪些?

白灼虾的制作方法：①锅内放入清水，姜片，香葱打成结，料酒烧开。②水烧开后放入处理好的虾（剪去须脚，挑去虾线）。③虾放入后，用中火煮1 min即熄火。④将虾捞出沥净水。⑤准备好喜爱的调味料蘸来食即可。

香辣虾的制作方法：①大虾开背挑虾线，去头（虾头可以炸了吃），料酒和姜腌制片刻。②起油锅（可以先炸虾头然后用虾油炒），油热后开中火，放花椒和干辣椒段，出香味后捞出。然后放五六片姜，炸干后放糖，用炒勺搅化，之后放一勺郫县豆瓣炒出红油，再倒少许生抽。③然后开大火放入虾，变色后放入葱段爆炒，出锅前30 s倒入一些香醋提香。

油焖虾的制作方法：①虾先去虾线，沿虾背剪开，挑出来即可。②锅中倒入植物油，量略多，烧八成热，然后将虾倒进油锅煎至虾变色。③虾取出，然后留底油，放入蒜末、番茄酱、白糖翻炒出香味。④然后将虾倒进锅中，淋料酒、耗油、食盐适量、放入葱段，盖锅盖焖1～2 min即可。⑤然后摆盘就可以吃啦。

148. 虾米的营养与药用价值如何?

虾米又名海米、金钩、开洋，是用鹰爪虾、脊尾白虾、周氏新对虾等干制加工的水产品。虾米是一种营养价值很高、味道鲜美的海产品，被评为“海八珍”之一，富含蛋白质，远超鱼、蛋、奶等食品，还含有丰富的镁、钾、碘、磷等矿物质及维生素A、氨茶碱等成分，且其肉质松软，易消化，对身体虚弱以及病后需要调养的人是极好的食物。同时，海米中富含虾青素，具有很高的抗氧化性和清除自由基的作用。虾米具有多种药用价值，不仅可以用来通乳脉、下乳汁，而且具有保护心血管、增强骨密度、镇静的功效。

149. 如何选购虾油？

（1）良质虾油。纯虾油不串卤，色泽清而不混，油质浓稠。气味鲜浓而清香。咸味轻，洁净卫生。

（2）次质虾油。色泽清而不混，但油质较稀，气味鲜但无浓郁的清香感觉。咸味轻重不一，清洁卫生。

（3）劣质虾油。色泽暗淡混浊，油质稀薄如水。鲜味不浓，更无清香。口感苦咸而涩。

150. 如何选购虾米？

选购虾米主要从色泽、口感、形态、杂质等方面进行评价。色泽方面，体表鲜艳发亮，颜色呈黄色或浅红色的虾米质量较佳，而体表颜色发暗且无光泽的虾米品质较差。口感方面，鲜而微甜的虾米质量较佳，而味道过咸的虾米质量较差。形态方面，虾米身体自然弯曲，体净肉肥，且无贴皮、窝心爪和空头壳的质量较好，而体形笔直或弯曲度较小的虾米，大多数是用死虾加工的，质量较差。杂质方面，虾米大小匀称，无其他鱼、虾、蟹等杂质的质量较好，而虾米大小差别较大，且含有鱼、虾、蟹等杂质的质量较差。

151. 虾皮的营养与药用价值如何？

虾皮是海产毛虾整体的干制品，为中国沿海地区特产，其产量占全世界年产量的95%以上。虾皮味道鲜美，常用作增鲜调味品用于中西菜肴的增鲜提味。虾皮营养丰富，富含钙、磷、铁等矿物质，还含有多种维生素，其营养价值高于肉、蛋和奶制品。虾皮是补钙的营养佳品，儿童经常食用有助于骨骼和牙齿的发育。

152. 虾酱是如何加工生产的?

虾酱常以中国毛虾、日本毛虾、糠虾、沟虾等原料进行生产。虾酱生产用盐必须是符合国家卫生标准的水洗食用盐。现代发酵法是当前虾酱生产最科学的生产方法，具体生产方法如下：①选用新鲜结实的虾，用网筛去除小鱼及杂物，洗净沥干加入酱缸中。②加虾重量30%～35%的食盐，搅拌均匀，也可加入桂皮、茴香、八角、花椒等香料，提高虾酱的风味。③酱缸加盖，置于室外，借助日光加温发酵，防止日光直晒和雨水尘沙，用木棒每天搅拌两次，每次20 min，持续发酵15～30 d。④发酵好的虾酱经油酱分离和包装灭菌后，便制作完成了。

153. 如何选购虾酱?

（1）优质虾酱的色泽微红，有光泽，味清香，酱体呈黏稠糊状，无杂质，卫生清洁。

（2）劣质虾酱呈土红色，无光泽，味腥臭，酱体稀薄而不黏稠，混有杂质，不卫生。

154. 虾蛄有何特点?

虾姑，俗称虾爬子、爬虾、虾虎、皮皮虾、螳螂虾等，系甲壳纲虾姑科。海产节肢动物全世界约有400种，主要有口虾蛄、黑斑口虾蛄、尖刺口虾蛄等。虾姑大部分生活在热带和亚热带海洋中，在中国、日本及东南亚各国沿海均有分布。

虾蛄的营养丰富，必需氨基酸含量较高，易于被人体消化吸收，富含谷氨酸、甘氨酸等风味氨基酸，因此味道鲜甜。虾蛄中含有丰富的镁，常吃能保护心血管系统，减少血液中胆固醇含量，有利于预防高血压及心肌梗死。虾蛄中含有高含量的磷，是人体获得磷的理想食物，有利于保护骨骼、牙齿和人体软组织。

155. 常说的对虾有哪些？

对虾是我国进出口水产品的重要品种，其营养与药用食疗价值很高，是高蛋白低脂肪的营养佳品。我国沿海养殖和捕捞的对虾主要有凡纳滨对虾、中国对虾、斑节对虾、日本对虾、罗氏沼虾、墨吉对虾、鹰爪虾、长毛对虾、短沟对虾和刀额新对虾等。

156. 南美白对虾有何特点？

南美白对虾，学名凡纳滨对虾，属节肢动物门甲壳纲十足目对虾科滨对虾属。南美白对虾正常体色为青蓝色或浅青灰色，全身不具斑纹，头胸甲短，体长而侧高，尾节具中央沟，成熟虾最长可达23 cm，外形与中国对虾、墨吉对虾相似。南美白对虾的适应水温为13～40 ℃，长期低于13 ℃出现昏迷，低于7～9 ℃死亡。适应盐度为0.5～40，最适生长盐度为10～20，通过淡水养殖技术，南美白对虾可在淡水中生长，是海虾淡养的重要代表。南美白对虾是世界三大对虾养殖品种之一，具有生长快、肉质好、繁殖期长、环境适应性强等特点，现已成为世界养殖面积最大、产量最多的对虾品种。南美白对虾壳薄体肥，肉质鲜美，出肉率高达67%，营养丰富，富含EPA、DHA等多不饱和脂肪酸，蛋白质含量和必需氨基酸指数在淡水养殖虾中均处于较优水平，高于斑节对虾、中国对虾和基围虾，同时富含钙、铁、锌、硒等矿物质，是一种蛋白质和矿物质丰富的虾类资源。

157. 斑节对虾有何特点?

斑节对虾，俗称花虾、鬼虾、草虾、竹节虾、牛形对虾等，联合国粮农组织通称其为大虎虾，是对虾属中最大型种，最大个体长达 33 cm，体质量 500～600 g；成熟虾一般体长 22.5～32 cm，体质量 137～211 g。斑节对虾体色由暗绿、深棕和浅黄色横斑相间排列，构成腹部鲜艳斑纹。斑节对虾的食性较广，不但摄取动物性食物，也摄取植物性食物，为杂食性虾种类。摄取动物性种类有双壳类、单壳类、长尾类、短尾类、轮虫幼鱼；植物性食物有圆筛硅藻类等。斑节对虾盐度适应范围广，抗病能力强，能耐受低氧和高温，肉质鲜美，营养丰富，是我国重要的养殖虾类。斑节对虾离水后耐力较强，因此常以活虾的形式销售。斑节对虾的分布区域广，在中国、日本、东南亚各国、印度至非洲东部各国沿岸均有分布。

鲜斑节对虾（左）与熟斑节对虾（右）

158. 中国对虾有何特点?

中国对虾，俗称东方对虾、中国明对虾、明虾等，属节肢动物门甲壳纲十足目对虾科对虾属，与墨西哥棕虾、圭亚那白虾并称为“世界三大名虾”。中国对虾属广温、广盐性，一年生暖水性大型洄游虾类，是我国养殖虾类中分布最广的对虾，主要分布于黄渤海沿海。中国对虾是中国的特产，也是重要的出口水产品，广受国际市场欢迎。中国对虾肉质鲜嫩，营养丰富，为高蛋白、低脂肪类营养水产品，并含有多种维生素及人体必需的微量元素。中国对虾也有医药价值，对辅助治疗手足搐搦、皮肤溃疡、乳疮、神经衰弱等症均有一定疗效。

159. 如何挑选虾姑?

挑选虾姑和选活虾一个道理。一是看它在水中的游泳速度和频率，速度越快频率越高，说明越鲜活。二是看虾姑背后的那根黑线，黑线越深说明其含有膏，带膏的母虾姑尾巴中间是白色的。三是捏虾姑头，越硬越好。四是看其腹部的鳃，鳃越白说明越新鲜。五是看重量，同样大小的虾姑重量越大越好。

160. 黑虎虾有何特点?

黑虎虾，俗称老虎虾、大虎虾、鬼虾、草虾、花虾等，是一种斑节对虾，因其体型巨大且有斑纹而得名，主要分布在越南、菲律宾、马来西亚、泰国等地。黑虎虾体由暗绿、深棕和浅黄横斑相间排列，构成腹部鲜艳的斑纹。额角上喙7～8齿，下喙2～3齿。额角侧沟相当深，伸至目上刺后方，但额角侧脊较低且钝，额角后脊中央沟明显。有明显的肝脊，无额胃脊。生命力强，肉味鲜美，个体大，是对虾属中最大的一种，最大的雌虾长达33 cm，体重超过500 g。黑虎虾是肉食性动物，吃天然的浮游生物，也吃小鱼、小虾等。黑虎虾是虾类中“虾青素”含量超高的品种，其虾青素的含量较普通虾大约高20%。黑虎虾还富含蛋白质、钙、维生素E、维生素B_2、镁、不饱和脂肪酸等营养物质，肉质鲜美松软，易消化，适用于身体虚弱以及病后需要调养的人。

161. 常说的毛虾有哪些？

毛虾，又名水虾，是节肢动物门甲壳纲枝鳃亚目樱虾科毛虾属的统称，小型经济虾类，体长只有1～4 cm，雌虾比雄虾略为肥大。毛虾的身体侧扁，长有很少的红色斑点，身体几乎完全透明。全世界共有毛虾17种和亚种，分布于美洲大西洋沿岸的有4种和亚种，其中有一种产于淡水；分布于太平洋美洲沿岸者仅1种；其余12种和亚种均产于印度洋—西太平洋海域。中国近海共6种，即中国毛虾、日本毛虾、红毛虾、锯齿毛虾、中型毛虾和普通毛虾。中国毛虾为中国特有种类，中国沿海均有分布，尤以渤海沿岸产量最多。日本毛虾的分布范围较广，南自爪哇，西自印度，北至黄海，中国和朝鲜半岛沿岸以及日本西南部近海均有分布，但中国山东半岛北岸海域和渤海很少发现。红毛虾和锯齿毛虾都是热带种，在中国仅产于南海。这6种毛虾中，以中国毛虾的产量最高，其次是日本毛虾。毛虾的干制品虾皮具有很高的营养价值。

162. 磷虾的种类及特点有哪些？

磷虾是一种小型甲壳纲动物，分布在世界各地的海洋中，但大多生活于地球两极海域中。目前已知有80多种不同的磷虾品种，其中有30种隶属于磷虾科。生长在南极海域的磷虾主要有南极大磷虾、晶磷虾、冷磷虾、长额磷虾、长额樱磷虾等。其中，南极大磷虾的数量最多，群居，在开放水域中游弋，可供捕捞。南极磷虾群的数量庞大，集体洄游时长度可达到6 km，聚集密度可高

分类	南极大磷虾	中国对虾、日本对虾	凡纳滨对虾（南美白对虾）	澳洲龙虾	克氏原螯虾（小龙虾）
门	节肢动物门 Arthropoda				
纲	甲壳纲 Malacostraca				
亚纲	软甲亚纲 Eumalacostraca				
目	磷虾目 Euphausiacea	十足目 Decapoda			
科	磷虾科 Euphausiidae	对虾科 Penaeidae		龙虾科 Palinuridae	螯虾科 Astacidae
属	磷虾属 *Euphausia*	对虾属 *Penaesia*	滨对虾属 *Litopenaeus*	岩龙虾属 *Jasus*	原螯虾属 *Procambarus*

达每立方米 1 万～3 万只。鱼类可能受到环境污染物的污染，而南极磷虾处于食物链较低层，以硅藻和极小的浮游生物为食，并为海豹、须鲸和企鹅等高营养层级生物提供食物来源。另外，南极海域外围的南极环流可以有效地阻隔海洋中的有毒有害物质，使其不能流入南极。因此，南极海域拥有地球上最为纯净的环境。外形上，南极磷虾与对虾等甲壳动物相似，但是个体较小，成虾一般体长 40～60 mm，个体重量只有 1 g 左右，与常见虾类在分类学上不同。

163. 南极磷虾有何特点？

南极磷虾，学名南极大磷虾（*Euphausia superba* Dana），是磷虾中生物量最大的品种。南极磷虾乍一看与虾十分相似，但是南极磷虾具有外鳃和极其活跃的消化酶。这些低温消化酶可以将死后的南极磷虾组织快速分解，使其发生自溶现象，这对南极磷虾的捕捞、储运与保鲜来说都是挑战。南极磷虾的壳体在水中呈半透明状，因摄食含有叶绿素的浮游藻类，而使得消化系统清晰可见。南极磷虾的眼柄基部、头部、胸部两侧及腹足的基部都有球形发光器。在黑暗的海洋中，人们可以看到许多“小灯泡”在发出光亮，这也是“磷虾”名字的由来。

164. 南极磷虾的主要营养有哪些？如何应用？

南极磷虾基因组非常大，约为人类基因组的 16 倍，是迄今为止最大的动物基因组参考序列。南极磷虾是全球现存单种生物资源量最大的生物，是维持南极生态系统的关键物种和高营养层级生物的重要食物来源。南极磷虾中含有丰富的磷脂型 Omega－3 EPA 和 DHA，以及胆碱和虾青素，在调节脂质代谢、糖代谢，抑制炎症反应，改善神经细胞功能等方面具有更优的生理功效。

南极磷虾蛋白质含量高，蛋白水解产物氨基酸种类丰富，其中包含人体所需的8种必需氨基酸。南极磷虾蛋白肽也被证明具有较多的健康功能。

国内外南极磷虾主流产品以磷虾油形态存在，得到消费者广泛认可。2013年，国家批准磷虾油为新食品原料，为磷虾油在食品中的广泛应用提供了良好的基础。磷虾油以软胶囊、滴剂、凝胶糖果、片剂等剂型而被广泛应用。更多以磷虾为原料的产品，正在持续研究中。

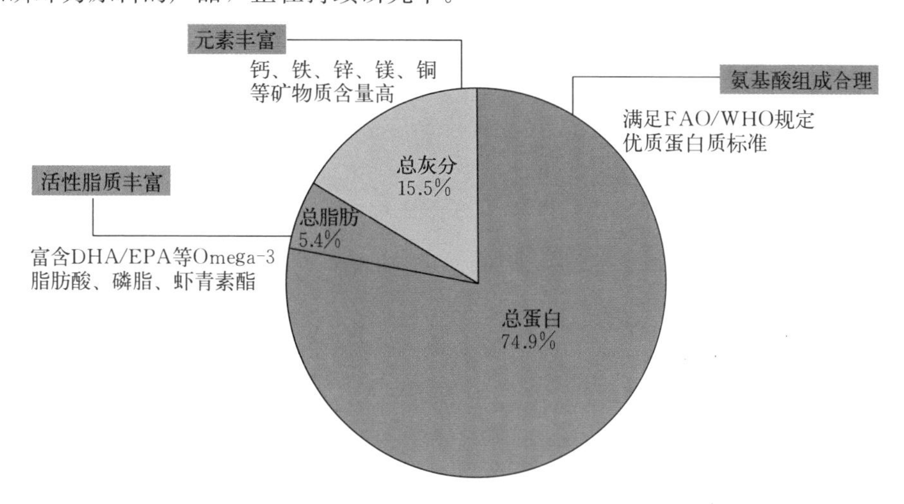

165. 如何辨别虾蛄雌雄?

雌雄虾蛄在外形上较相似，区别在于：①雄性虾蛄个体略大，雌性相对较小。雄性虾蛄第二颚足粗壮，雌性的相对瘦小。②雄性虾蛄胸部最后一对步足基部内侧有一对细小的棒状交接器，雌性则无。③雌性虾蛄胸部发白，呈“王”字图案，雄性则无。④繁殖季节，雌性虾蛄背面有黑色素分布，体轴中线上色素较集中，尾部能透出明显的子的印记，雄性则无。

166. 中国毛虾有何特点?

中国毛虾，是樱虾科毛虾属的虾类。体形小，侧扁，具一对长眼柄，可在混浊水体中辨清目标，所以常年生活于水质较肥的水域。毛虾属于浮游动物类群，其生长迅速、繁殖力强、世代更新快，其游泳能力弱，常跟随潮流游动于河口、岛屿和沿岸一带，具有昼夜垂直与季节水平移动的特性。中国毛虾的适应水温为11～25℃，适应盐度为30～32，为中国特有种类，中国沿海均有分布，尤以渤海沿岸产量最多，产地主要有辽宁、山东、河北、江苏、浙江、福建、广东沿海。中国毛虾各地所产形态略有差别，但以泥底海底出产的毛虾品质最好。中国毛虾是一种营养价值极高的海洋低值虾类，其蛋白质含量高达72.9%（干基）。中国毛虾的蛋白质营养价值高，氨基酸组成中谷氨酸(Glu)、天冬氨酸（Asp）、甘氨酸（Gly）、丙氨酸（Ala）、精氨酸（Arg）、赖氨酸（Lys）等含量丰富，氨基酸价为83，其独特的氨基酸结构使其在呈味、营养保健方面均具有较大的开发利用价值。此外，中国毛虾还富含钾、钙、镁、铁、磷、硒等对人体具有重要生理意义的常量及微量元素，维生素B_5及维生素E的含量也较高。

167. 北极甜虾有何特点?

北极甜虾，学名北方长额虾，又名冷水虾。北极甜虾产于北冰洋和北大西洋海域，主要捕捞国家有加拿大、冰岛、丹麦、挪威、格陵兰等。北极甜虾生长在200～250 m深的冰冷海水环境中，生长速度缓慢，一般长到商品规格需要3～4年时间，肉质紧密，个体比一般暖水虾小，平均规格在120～150头/kg。北极甜虾在捕捞后需立即在捕捞船上用海水煮熟并冷冻，在加工过程中不使用任何添加剂，只需解冻即可食用。煮熟的北极虾颜色呈粉红色，肉质紧，吃起来有其特有的甜味，深受我国消费者欢迎。

168. 西班牙红魔虾有何特点?

西班牙红魔虾，又称西班牙绯红虾、魔鬼虾、贡虾等。野生资源分布于东大西洋的葡萄牙至佛得角群岛和整个地中海沿海，水深200～1 400 m，主产地为西班牙加泰罗尼亚东北部港口帕拉莫斯，生长在深海纯净海域的西班牙红魔虾身长14～30 cm，因其全身绯红，极其特别，故而称作西班牙红魔虾。西班牙红魔虾最吸引人的，就是它的鲜甜与浓浓虾味，特别是虾头的虾脑。西班牙红魔虾适合刺身、盐烤、油煎、铁板烧。

169. 如何剥虾姑的壳？

①把尾部最外面两个小脚拧断，然后捏着尾部轻轻往上一折，再拧掉。②用根筷子从尾部贴着虾壳插到头附近。③左手把壳拆开，右手按筷子，两手同时反方向用力。④背部整个壳就掀开了。

170. 如何保存鲜虾？

保存鲜虾最好的方法就是冷冻保藏，既可以保持虾的新鲜和口感，又可以防止虾的黑变。推荐在家中使用以下方法用于虾的保鲜：

（1）塑料瓶保鲜。将鲜虾顺装在空塑料瓶里，加满水，拧紧瓶盖，放入冰箱冷冻。通过装瓶保鲜，可以隔绝空气，防止串味。吃之前提前解冻，将瓶子破开，简单方便。

（2）保鲜盒保鲜。将鲜虾剪掉虾须和虾枪，整齐摆在保鲜盒里，不用加水，盖好盒盖，放入冰箱冷冻，避免反复冷冻。

（3）保鲜袋保鲜。将鲜虾剪掉虾须和虾枪，整齐摆在保鲜袋里，为避免扎破袋子多套几层保鲜袋，用透明胶封好，放入冰箱冷冻。

171. 哪些人不宜吃虾？

①虾是高蛋白食物，部分过敏体质者会对虾产生过敏症状。②虾是高嘌呤食物，患有痛风症、高尿酸血症和关节炎的人不宜食用，会在关节内沉积尿酸结晶而加重病情。③肠胃不好的人尽量少吃虾，容易发生腹痛、腹泻的状况。④甲状腺功能亢进者应少吃虾，因为含碘较多，可加重病情。⑤虾属于发性食物，子宫肌瘤患者不能吃虾等海鲜发物。⑥虾会刺激咽喉及气管，因此哮喘患者不宜吃虾。

172. 常说的龙虾有哪些？

龙虾属于节肢动物门甲壳纲十足目龙虾科的大型海产爬行虾类。成虾个体粗壮，甲壳坚厚，表面常有棘刺。龙虾身长通常为 30 cm 以上，重 0.5 kg，大的可达 10 kg，堪称“虾中之王”。全世界的龙虾包括岩龙虾属、脊龙虾属、真龙虾属、龙虾属等 4 属，共有龙虾 400 多种。世界上龙虾的主要经济品种有美洲龙虾、澳洲龙虾、欧洲龙虾、岩龙虾等，主要分布在印度洋及西太平洋地区。

173. 中国的龙虾有哪些?

中国的龙虾至少有 8 种，主要有中国龙虾、波纹龙虾、密毛龙虾、锦绣龙虾、日本龙虾、杂色龙虾、少刺龙虾、长足龙虾等。其中数量最多的是中国龙虾，锦绣龙虾也较为常见，它们主要分布在海南、浙江、福建、中国台湾、广东及广西等沿海地区，其中西沙群岛尤为丰富。

174. 如何辨别龙虾雌雄?

龙虾的第 2 对步足已演化成发达的螯，雄虾的螯比雌虾的螯强大，而且螯足的前端外缘还披有一层柔软的红色薄膜，而雌虾螯足的前端外缘没有红色薄膜。另外，龙虾的尾部长有 5 片强大的尾扇，雄虾的尾扇一直平伸，雌虾的尾扇在抱卵期和孵化期会向内弯曲，以保护腹部的受精卵或幼虾。

175. 西澳龙虾有何特点?

西澳龙虾，学名天鹅龙虾，又称西部岩龙虾（western rock lobster）、西澳岩龙虾、西澳红龙。主要分布在西澳海岸，由哈梅林湾至西北角与豪特曼群礁等岛屿。它是温带物种，只存在于海岸以外的大陆架上，大多数居住在珀斯（Perth）和杰拉尔顿（Geraldton）之间。西澳龙虾有 6 对细小的肢体在嘴巴周围，不容易被人看见，但是 5 对细长的腿是不容易忽略的，成虾全身长约 40 cm，背甲平均长 8～10 cm，它们可以活 20 多年，体重达 5 kg。西澳龙虾的外甲壳是分段的，并随着它的成长而换羽。主要食物有软体动物、蠕虫、螃蟹、蛤、海胆、行动缓慢的比目鱼、海藻和海草。西澳龙虾是西澳大利亚的商业渔业和娱乐休闲的典型标志，现在属于配额管理制，商业捕捞占 95%，休闲渔民占 5%。西澳龙虾渔业产值占了全澳大利亚总渔业价值的 20%，大部分都被出口到亚洲市场，并且其产业是世界上第一批获得海洋管理委员会（MSC）的可持续认证的。西澳红龙虾是众多美食爱好者公认的美味龙虾，肉质晶莹饱满，剥开后有着透亮的色泽，而烹饪后肉质则变为不透明的白色，口感紧实滑脆，富有弹性，口味鲜甜。

176. 我们通常说的澳洲龙虾是指哪种龙虾？

澳洲龙虾，顾名思义，来自澳大利亚的龙虾。澳洲龙虾指的不单是一种龙虾，而是形态类似的属于龙虾科的多种龙虾，主要包括西澳龙虾和南澳龙虾，还有东部岩龙虾、锦绣龙虾等种类，主要区别于螯龙虾，即步足无大螯。澳洲龙虾主要产自澳大利亚、新西兰等地，属于名贵海水经济虾。澳洲龙虾具有高蛋白、低脂肪、富含脂溶性维生素的特点，营养丰富。新鲜的澳洲龙虾可用于制作刺身，虾肉鲜嫩爽滑，紧实弹牙，回甜明显。中式烹饪则常采用清蒸或者上汤焗的手法，可以保持龙虾的原汁原味，龙虾头和龙虾壳可以用来熬制龙虾海鲜粥。

177. 南澳龙虾有何特点？

南澳龙虾，学名多刺岩龙虾，又称南部岩龙虾（southern rock lobster）、南澳岩龙虾、红色岩石龙虾，是在澳大利亚和新西兰南部沿海水域发现的多刺龙虾的种类。南部岩石龙虾背甲暗红色或橙色，淡黄色的腹部，它们生活在大陆架 5～200 m 深处的珊瑚礁及其周围。在浅水区域（通常小于 30 m 深）捕获的龙虾往往颜色红而明亮。成虾甲壳长度可达 23 cm，体重可达 8 kg。南澳龙虾捕捞渔业分为南北两个区域。南部地区：墨累河口与维多利亚边境之间的海域，捕捞季节为每年 10 月 1 日至次年 5 月 31 日。北部地区：墨累河口和西澳大利亚边境之间的海域，捕捞季节为每年 11 月 1 日至次年 5 月 31 日。南澳龙虾业是南澳大利亚最有价值的商业野生捕捞渔业，每年为国家带来高达 2.8 亿美元的经济效益，而且每年南澳龙虾总产量的 90% 被出口到中国市场。新西兰岩龙虾与南澳龙虾属于同一种类，但是背甲多呈现紫色或紫红色。

178. 东部岩龙虾有何特点？

东部岩龙虾，学名绿色岩石龙虾，又称东部岩石龙虾（eastern rock lobster）、绿色驮马龙虾（green rock lobster）。东部岩龙虾全身呈墨绿色，背甲壳上分布着黑色的凸刺，腿和天线呈棕橙色，东部岩石龙虾栖息在澳大利亚东海岸的大陆架上，从新南威尔士州的特维德角港、塔斯马尼亚附近，到南澳大利亚的麦克唐奈港。在新西兰也有分布，包括查塔姆和克马科群岛。通常在初冬时期进入更深的水域，并在 8 月下旬更接近海岸线。它们最大重量可达 8 kg，甲壳长度为 26 cm。

179. 锦绣龙虾有何特点?

锦绣龙虾，属于节肢动物门龙虾属的一种，俗称大花龙、花龙虾、彩龙虾、青龙虾等。体长可达 60 cm，是龙虾属中体型最大者。体色多彩明亮，腹部、第一触角和步足有黑褐色和黄色相间的斑纹，触角的基部有4对疣刺，后面的1对触角较小。从东非到日本、澳大利亚和斐济群岛，甚至从红海进入地中海地区都有分布，为印度—西太平洋区的重要品种，在中国主要分布于南海和中国台湾海域。锦绣龙虾通常栖息在浅水海域，以岩礁、礁斜面等静水的地方为多。锦绣龙虾昼伏夜出，白天喜欢藏在洞穴内，仅用两对触角和头部感触洞外动向，夜间外出觅食，主要食物为小鱼、虾蟹类、小贝类、海胆、藤壶、藻类等。锦绣龙虾不喜游泳，主要依靠步足爬行，行动迟缓。新鲜的锦绣龙虾可用于制作刺身，虾肉细腻爽滑，也适合于做清蒸、芝士焗和黄油香煎。

180. 墨西哥红龙虾有何特点?

墨西哥红龙虾，学名佛罗里达龙虾、加利福尼亚龙虾，也俗称美国红龙、红龙加州刺龙虾、墨龙等，主要分布在北美加利福尼亚州蒙特利湾至墨西哥特万特佩克湾，墨西哥为红龙的主产国。成虾一般长 30 cm，最长可至 90 cm，商捕平均重量为 900 g，通常雄性龙虾要比雌虾大，全身呈红褐色，足上有刺，有一对很大的触须，但没有大钳。其形态与澳洲龙虾相似，最大的特征是尾巴上有一些中断的凹槽。红龙是一种社会群居性龙虾，喜欢栖息在岩石礁的缝隙里，偶尔在潮汐池中也能发现，但在水深 65 m 左右的海底更为常见，主要以小鱼、海胆，以及软体动物为食。墨西哥红龙虾的营养成分较高，蛋白质含量高，含有人体所必需的氨基酸，红龙也是脂溶性维生素的重要来源之一。红龙的脂肪含量低，而且多由不饱和脂肪酸组成，且 ω-3 不饱和脂肪酸含量高，易被人体消化和吸收。新鲜的红龙可用于制作刺身，蒜蓉蒸龙虾、焗龙虾、清蒸龙虾也是不错的选择。

181. 青龙虾有何特点?

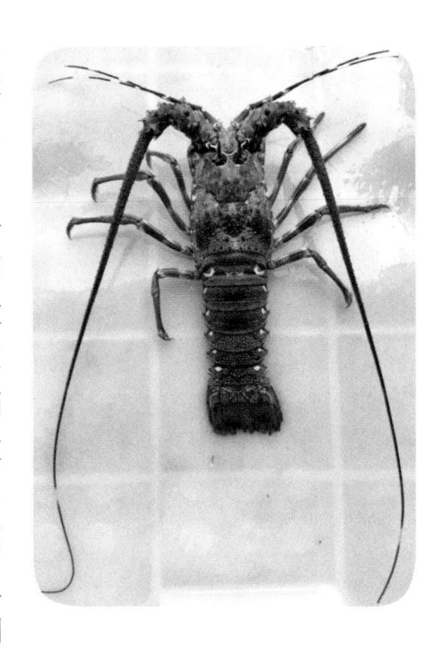

青龙虾，学名波纹龙虾，俗称大青龙、青壳仔、沙龙等。主要分布在印度和西太平洋海域，西非国家、东南亚国家、印度、加纳、毛塔、中国台湾地区等为主要产地。体表呈绿至褐色，头胸甲前端和眼柄间具鲜艳的橘色和蓝色斑纹，眼上角具黑色和白色环带，胸足呈斑点状，腹部分布有微小白点，卵为橙色。与锦绣龙虾最大的区别在于步足的颜色，锦绣龙虾步足黑白相间，波纹龙虾步足颜色则为紫黄相间。波纹龙虾主要的食物是贝类和海底小生物，偶尔也会吃些藻类食物。波纹龙虾是中国台湾地区产龙虾属中产量最多的种类，且为中部及南部沿岸的优势种，主要以底刺网渔获。波纹龙虾较能适应混浊水质和较差条件，故为龙虾蓄养的主要种类，波纹龙虾是国内进口量最大的龙虾，也是市场上和网络上销量最大的一种龙虾。

182. 虾为什么容易引起过敏？如何消减?

虾及其制品味道鲜美，营养丰富，深受消费者喜爱。然而，虾及其制品却容易引起过敏反应。据统计，约有20%的过敏病人对虾过敏，小儿的过敏率高达60%。研究发现，虾肉中的原肌球蛋白是引起人们过敏反应的主要过敏原，原肌球蛋白同样也是其他甲壳纲水产品的主要过敏原。原肌球蛋白对高温稳定，因此蒸煮很难减少其过敏反应。辐照可以导致虾过敏原蛋白免疫活性的变化，但辐照会引起剂量残留，从而对消费者产生不良影响。美拉德反应和蛋白酶水解法也能降低虾过敏原的免疫活性，但是会破坏虾的整体结构，改变虾的风味。高静压技术能够在不破坏整体虾结构的同时改变过敏原的蛋白质构象，增加过敏原的可消化性，从而降低过敏反应，具有在虾过敏原消减中应用的潜力。

183. 古巴龙虾有何特点?

古巴龙虾，学名眼斑龙虾，又称佛罗里达龙虾、西印度龙虾等。成虾一般长 20 cm，最长可达 60 cm。眼斑龙虾的身体呈长圆柱状，表面覆盖着棘刺。在眼柄上有两条大棘刺，仿佛是一对角。它们一般呈橄榄绿色或褐色，也有黄褐色至红褐色。甲壳上散布了黄色至奶白色斑点，腹部的斑点较大。眼斑龙虾分布在由巴西至北卡罗来纳州，并包括整个墨西哥湾及加勒比海、巴哈马及南美洲东部以及西非。喜欢生活在珊瑚礁、人工鱼礁、桥墩、码头及红树林根部等有遮蔽物的地方。由于生长在没有污染的深海水域，所以肉质雪白肥美，鲜甜爽口。古巴龙虾是古巴换取外汇的重要来源，由于价格低廉，极高的性价比使其迅速占领了中国市场。

184. 玫瑰龙虾有何特点?

玫瑰龙虾，学名莫桑比克龙虾，俗称莫桑比克红龙、小红龙。产地是介于马达加斯加岛和非洲大陆之间的莫桑比克海峡。玫瑰龙虾产于开普敦好望角一带，颜色呈棕红色，煮熟后呈鲜红色。玫瑰龙虾不仅是肉洁白细嫩，味道鲜美，高蛋白，低脂肪，营养丰富，还有药用价值，对化痰止咳有良好的辅助作用，促进手术后的伤口生肌愈合。玫瑰龙虾的料理方式，与其他的龙虾基本相同，建议清蒸、焗烤、干煎等，玫瑰龙虾本色是浅粉红色，加热之后颜色为深粉红色，颜色亮丽，口感弹滑。

185. 新西兰海螯虾有何特点?

新西兰海螯虾又叫南极深海螯虾，也称新西兰小龙虾、新西兰挪威海蜇虾、南极深海小龙虾。生长在新西兰和南极之间 150～650 m 的深海海域中，这里的海域因为被合理地保护而透明纯净，生长在这里的深海螯虾品质优良而且纯净天然、不受污染。南极深海螯虾体型较小，鲜艳清新，与传统龙虾相比，双螯明显细长很多。其肉质鲜美醇厚，肉质细嫩，富有弹性，口感顺滑鲜甜，无论在口味、营养价值上都优胜于其他同类海鲜产品，是作为刺身和熬粥的极品原材料。南极深海螯虾具有低脂肪、低胆固醇的特点，富含蛋白质、不饱和脂肪酸、维生素、虾青素等营养物质，与龙虾和三文鱼相比，具有更高的营养价值。

186. 虾青素是什么？有何作用？

虾青素，又名虾红素，是3,3′-二羟基-4,4′-二酮基-β,β′-胡萝卜素，为萜烯类不饱和化合物，化学分子式为 $C_{40}H_{52}O_4$，分子结构中有两个β-紫罗兰酮环和11个共轭双键。虾青素在虾、蟹等甲壳类动物壳中含量较高，是水产品内主要的类胡萝卜素之一。天然虾青素由于其结构独特性，被认为是世界上最强的天然抗氧化剂之一，能有效清除氧自由基，增强细胞再生能力，减少衰老细胞的堆积，能有效保护皮肤健康，促进毛发生长，延缓衰老，缓解疲劳。大量研究表明，虾青素在提高免疫力、延缓衰老、预防肿瘤生长、降低慢性疾病的发生发展等方面具有积极作用。虾青素已被制成保健品，并作为食用色素和饲料添加剂而得到广泛的应用。

187. 波士顿龙虾有何特点？

波士顿龙虾，学名美洲螯龙虾，又叫缅因龙虾，俗称波龙、加龙等。这种龙虾体长可达64 cm，是已知的最大的现生节肢动物之一。波士顿龙虾并不产于波士顿，其分布范围为北美大西洋沿岸温带水域，从加拿大东海岸一直到美国北卡沿海，由于缅因州产量多，又最先作商业采捕营运，故在19世纪被定名为缅因龙虾，年产量比其他任何一种龙虾都要高得多。正常为橄榄绿或绿褐色，橘色、红褐色或黑色的个体也不难见到，但约二百万分之一为蓝色；黄色变异更罕见，出现概率约三千万分之一。波士顿龙虾肉较嫩滑细致，一对大龙虾钳因为活动较多而肉质较粗，但也不失鲜味。波士顿龙虾多采用白灼还有芝士焗的方式进行烹调。加拿大龙虾与波士顿龙虾都属于一个品种，均为美洲螯龙虾，但是加拿大龙虾养殖的温度更低，生长缓慢，导致加拿大龙虾是冷水硬壳，而波士顿龙虾的外壳较软。而且加拿大龙虾的外壳呈深褐色，肉质饱满，虾螯部位强劲有力。与波士顿龙虾相比，加拿大龙虾的质量更好，价格也更高。

188. 虾头虾线能吃吗？如何去除虾线？

虾头中主要集中了虾的鳃、胃、肝脏、心脏等内脏，虾在生长的过程中会富集有害重金属元素，对人体健康造成一定的危害。虾线是虾的肠道等消化系统，也容易富集有害重金属元素，而且虾线中含有大量虾未排泄完的废物，如果吃到口内有泥腥味，影响口感。因此虾头虾线尽量不要食用。

虾线在虾煮熟后易断，因此最好在未加热前进行去除。从虾头和虾身的连接处向下数第2～3个关节，利用牙签或针穿过虾身，轻轻向外挑，靠近头部一端的虾线就会挑出，然后慢慢用手拽虾线，靠近尾部一端的虾线就会全部拉出来。

189. 虾煮熟后为什么会变红？

虾体内含有丰富的虾青素，游离态的虾青素显现为红色，但是虾青素在虾体内一般与蛋白质结合在一起，呈现青色或蓝色。然而在蒸煮过程中，高温使虾体内的蛋白质发生变化，虾青素得以与蛋白质脱离，并以游离态形式存在，呈现出其原有的红色。蟹类煮熟变红也是这个原因。

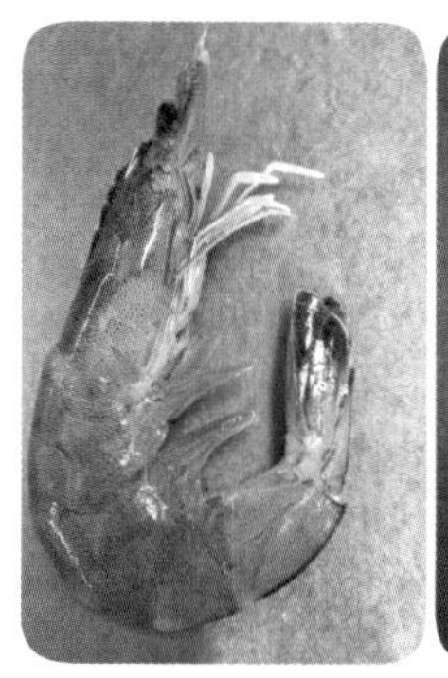
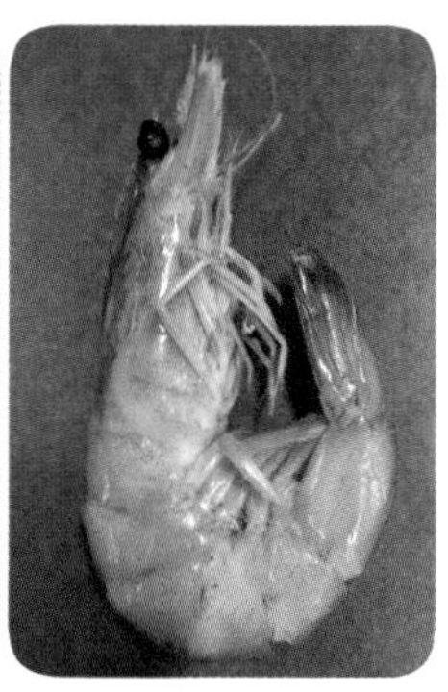

鲜虾（左）与熟虾（右）

190. 螯龙虾有何特点？

螯龙虾属于十足目螯虾次目海螯虾科，为十足目中最大的海产虾类。其体表光滑，甲壳坚厚，额角侧缘有刺，腹面有时也有刺，头胸甲除眼上刺、眼后刺和触角刺外，别无其他刺或齿。与龙虾最大的不同是，螯龙虾第一步足为一对大螯，一侧的螯稍大于另一侧。世界上螯龙虾主要有：产于北美大西洋岸的美洲螯龙虾、分布于欧洲大西洋岸的欧洲螯龙虾、产于南非的南非螯龙虾等3类。其中，最出名的螯龙虾为美洲螯龙虾，即波士顿龙虾。螯龙虾多以鱼类、贝类及小型甲壳类为食。

191. 欧洲螯龙虾有何特点?

欧洲螯龙虾，学名欧洲龙虾。欧洲螯龙虾的头胸部较粗大、外壳坚硬、色彩斑斓，腹部短小，长可达1 m。体表颜色为深蓝色掺杂浅黄色斑点，腹部为黄色，长有一对巨大的螯，两条触角长而粗壮，体呈粗圆筒状，背腹稍扁平，头胸甲发达，坚厚多棘，前缘中央有一对强大的眼上棘，具封闭的鳃室。欧洲螯龙虾寿命在15年以上，广泛分布在欧洲海岸及英国海岸，由于过度捕捞，欧洲龙虾的数量已大幅下降，欧洲龙虾都是野生龙虾，没有人工养殖。欧洲螯龙虾肉质鲜美，营养丰富，具有较高食用价值。

192. 常说的中国基围虾是什么种类的虾?

基围虾，学名刀额新对虾，属于甲壳纲十足目对虾科新对虾属。基围虾整体为土黄色或棕褐色，游泳足为棕色或赤色。属近岸浅海虾类，主要分布于日本东海岸，在我国广泛分布于福建、中国台湾、广东和广西等沿海地区，具有杂食性强、耐低氧、广温、广盐、生长迅速、抗病害能力强等优点，是“海虾淡养”的优良品种。基围虾壳薄体肥，出肉率高，肉嫩鲜甜，较南美白对虾和罗氏沼虾更适口，加之该虾离水存活时间较长，适宜长途运输，深受消费者的喜爱，是经济效益很高的淡水养殖虾。

193. 阿根廷红虾有何特点?

阿根廷红虾，属于甲壳纲十足目对虾科，全身为红色，虾头占整虾比例较高。阿根廷红虾生长在水温较低、纯净无污染的阿根廷南部海域，虾壳薄肉大，口感鲜嫩。阿根廷红虾出水后立即快速冷冻至−20 ℃以下，以锁住红虾的新鲜度和营养成分，而且在整个贮藏和运输过程始终保持在−20 ℃以下，确保红虾在到达消费者餐桌时，鲜味和营养成分不流失。阿根廷红虾营养丰富，富含蛋白质、铁、维生素 B_{12} 等营养物质。

第三章 贝 类

194. 常食用的贝类有哪些?

贝类属软体动物门中的瓣鳃纲（或双壳纲），指有贝壳的软体动物。在科学分类上包含双壳纲（双壳贝）、大部分的腹足纲（螺）、多板纲（石鳖）和掘足纲（角贝）等。因一般体外披有1～2块贝壳，故名。常食用的牡蛎、贻贝、扇贝、蛤蜊、蛏、鲍、螺、蚶等都属此类。

195. 牡蛎有何营养特点?

牡蛎被誉为“海中牛奶”，味道鲜美，具有较高的食用价值和药用价值。牡蛎肉具有低脂肪、低胆固醇，富含氨基酸、牛磺酸、糖原及多种矿物质的特点，对降血糖、增强免疫力以及婴儿视网膜和中枢神经发育有重要作用。

196. 蛤蜊有何营养特点？

蛤肉的营养价值丰富，在每100 g蛤肉中含有蛋白质10.8 g、脂肪1.6 g、碳水化合物4.6 g，此外还含有碘、钙、磷、铁、维生素A、硫胺素、烟酸、核黄素等多种矿物质和维生素。蛤蜊可以抑制胆固醇合成，加速胆固醇排泄，从而达到降低人体内胆固醇含量的作用。此外，蛤蜊因其富含碘，对缺碘引起的甲状腺肿大患者具有良好的辅助治疗的功效。

197. 蛏子有何营养特点？

蛏肉味道鲜美，营养丰富，经测定，每100 g鲜肉含蛋白质7.2 g，脂肪1.2 g，碳水化合物2.4 g，糖3 g，钙133 mg，磷114 mg，铁227 mg，热量200 kJ。蛏子有促进食欲、清热解毒、降胆固醇、利尿消肿、养阴补虚、增强免疫等功效。蛏子富含铁、锌、锰、碘、硒等多种微量元素，对预防缺铁性贫血和甲状腺功能亢进有着良好的作用，常食用蛏子有利于补充大脑营养，具有健脑益智的功效。

198. 牡蛎有减轻疲劳的作用吗？

葡萄糖在燃烧后会产生乳酸，乳酸的积累会使人体感觉疲劳，并可能引起肩膀疼、肌肉疼、头疼等症状。人体内产生的所有乳酸都是通过肝脏来处理的，因此肝脏是否健康对于人体是相当重要的。而牡蛎中所含的丰富的氨基酸、牛磺酸和肝糖原，有利于肝脏机能的提高并抑制乳酸的积累，有利于疲劳的缓解和体力的恢复。

199. 牡蛎有强肝解毒功能吗？

牡蛎中富含人体所需的肝糖原，其与细胞的分裂再生以及红细胞的活性程度有较为密切的关系，有利于提高肝功能，缓解疲劳，强身健体。此外，牡蛎中丰富的牛磺酸有利于胆汁分泌，加速肝脏的中性脂肪酸的排出以及防止中性脂肪酸堆积，从而提高肝脏的解毒作用。

200. 牡蛎有淤血净化作用吗?

牡蛎富含天然牛磺酸，肝脏的胆固醇在牛磺酸作用下会加速分解，从而降低人体中的胆固醇含量。胆固醇是引起动脉硬化的主要原因之一，牡蛎通过降低人体血液中的胆固醇含量，防止过多的胆固醇、油脂沉积于血管壁中，保持血管的健康。此外，牡蛎还含有维生素 B_{12}，这是一般食物所缺少的，维生素 B_{12}中的钴元素是预防恶性贫血所不可缺少的物质，因而牡蛎又具有活跃造血功能的作用。

201. 牡蛎有滋容养颜作用吗?

牡蛎富含人体所需的微量元素，如锌、铁、铜等。牡蛎对缺铁性贫血具有良好的治疗作用，具有补气血、滋容颜的作用。此外，常食用牡蛎可以促进体内激素的形成与分泌，因此对生理不调、不妊症、更年期障碍等也有很好的疗效。

202. 牡蛎有提高免疫作用吗?

牡蛎因其富含优质蛋白质、肝糖原、维生素与矿物质等多种营养成分，因而被赋予“海里的牛奶”的美誉。牡蛎中富含可以合成谷胱甘肽的氨基酸。食用牡蛎后，在人体内合成谷胱甘肽，除去体内的活性酸素，提高免疫力，抑制衰老。此外，牡蛎中的亚铅不仅可以抑制细胞的老化，还可以促进新陈代谢。

203. 牡蛎有何食疗作用?

牡蛎味咸、涩，性微寒；归肝、心、肾经；质重镇降，可散可收；是唯一可以生食的贝类。具有平肝潜阳、镇惊安神、软坚散结、收敛固涩的功效。主治眩晕耳鸣、手足震颤、心悸失眠、烦躁不安、惊痫癫狂、瘰疬瘿瘤、乳房结块、自汗盗汗、遗精尿频、崩漏带下、吞酸胃痛、湿疹疮疡。

204. 牡蛎有何种类之分?

牡蛎大致来可分为两类，一类为一侧蚝壳深深凸起的凹型蚝，而另一类则是扇贝一样较为扁平的扁型蚝。前者最为常见，市面上能吃到的大多数牡蛎都是凹型蚝，而后者最有名的便是被称为贝隆牡蛎的名贵品种。

205. 牡蛎是越大越好吗？

不同的牡蛎品种在大小上存在一定的差异，而同种类也会因为生长期等原因有大小的分级，虽然同种类的大个牡蛎通常在市面上的价格偏贵，但牡蛎的风味并不是由个头大小决定的，单纯是因为培育较大的牡蛎需要更多的时间和精力。就拿美国牡蛎来说，分为 extra small、small、medium、large、jumbo 五个大小级别，最受人喜爱的却是 small 和 medium 两级。

206. 什么季节适合吃牡蛎？

从冬季到初春都是食用牡蛎的好季节。牡蛎一般从 5 月开始放养，养殖 6 个月左右，因此 11 月就可以开始食用，一直可以食用到来年的 5 月，但是进入 12 月，天气开始寒冷之后牡蛎能量消耗少，蓄积多，肉质比较肥美，一直到来年的清明，即 4 月初的牡蛎都很肥美。

207. 短时间过度食用牡蛎有何危害？

牡蛎中的蛋白质含量十分丰富，食用可以补充营养，但过度食用牡蛎会出现大量蛋白质堆积在胃中，消化不及时，会导致消化不良的情况。通常来说牡蛎性寒，正常人群食用不会出现不适，但是脾胃虚寒的人群一次食用 10 个，就很可能出现腹泻的情况。另外牡蛎中矿物质含量丰富，短时间内食用过多会变渗透压，导致血压短时间内升高，如果是高血压的人群会出现血压升高的不适情况。

208. 如何选购牡蛎?

牡蛎是一种味道鲜美的贝类食品。牡蛎应选蛎体饱满或稍软，呈乳白色；体液澄清，白色或淡灰色；有牡蛎固有的气味。若蛎体色泽发暗，体液混浊，有异臭味，不能食用。牡蛎采收时间一般均在蛎肉最肥满的冬春两季，北方生产的牡蛎个头小，广东深圳生产的个头大。

209. 鲍鱼有何营养特点?

鲍，古称鳆，俗称鲍鱼，有“海味之冠”美誉，自古以来就是海产“八珍”之一。“鲍者包也，鱼者余也”，鲍鱼代表包余，以示包里有“用之不尽”的余钱。因此，鲍鱼不但是馈赠亲朋好友的上等吉利礼品，而且还是宴请、筵席及逢年过节餐桌上的必备菜之一。鲍鱼不仅可入食，入药亦为佳品，有开胃益气之功。鲍鱼肉为鲍科动物九孔鲍或盘大鲍的肉，春、夏、秋三季均可捕捉，以春末夏初最为肥满。捕得后取肉鲜用，或制成鲍鱼干。以饱满、个大为好。鲍鱼性味甘、咸、平，入肺、肾、胃经，有润肺益胃，滋肾补虚之功，适用于经血不调、便秘、腰膝酸软等症。《日用本草》言其“补中益气”。《本经逢原》言其“开胃进食，病人食之，无发毒之虑，食品中之有益者也。”《随息居饮食谱》言其“补肝肾，益精明目，开胃养营，已带浊崩淋，愈骨蒸劳极。”

210. 如何选购鲍鱼?

在选用食材时，天然野生原味即食鲍鱼所保留的营养价值胜于干鲍。制成干鲍必定会使鲍鱼流失大量有价值的元素，失去原来的味道及功能。在食用鲍鱼时，切忌鲍鱼过软或过硬，过软如同吃豆腐，过硬如同嚼橡皮筋，都难以品尝到鲍鱼真正的鲜美味道。有些人因鲍鱼价格贵，不愿去其绿色的内脏。鲍鱼内脏有毒，而且呈季节性，与海藻的生长有关，有毒时期在每年的2—5月，这时期鲍鱼内脏不能吃。鲍鱼毒素的中毒症状：脸和手出现红色水肿，体质过敏者反应就更大，但不是致命的。所以建议去其内脏。

211. 如何判断牡蛎是否新鲜?

牡蛎新鲜程度的判断主要是通过闻气味来实现的。新鲜的牡蛎应该紧闭双壳，拥有一定的饱满度并带着新鲜的海水香气。开盖后，蚝肉丰满，香气新鲜，饱含海水。如果蚝肉明显变色，显得干，甚至皱成一团一定不好。

212. 扇贝有何营养特点?

扇贝，性平味咸，滋阴补血、益气健脾，富含蛋白质，晒干后被赞誉为“八鲜”之一。贝肉软体部含有δ-7-胆固醇和24-亚甲基胆固醇，具有降低血清胆固醇作用，并能抑制胆固醇在肝脏合成和加速胆固醇排泄，从而有利于降低体内胆固醇含量，适宜高胆固醇、高血脂体质的人以及患有甲状腺肿大、支气管炎、胃病等疾病的人。

213. 扇贝哪里不能吃?

在扇贝中有两种类型的肉，一种是扇贝的内敛肌，呈白色，很有肉感，另一种则是分布在内敛肌周围的肉，红色且柔软。通常，扇贝中的肉只取内敛肌作为食材，而周围红色的肉则被丢弃。

214. 鲍鱼壳有何药用价值?

鲍鱼壳，又名石决明，为鲍科动物九孔鲍或盘大鲍的贝壳。本品性味咸、寒，入肝经，有平肝潜阳，清肝明目之功。鲍鱼壳能清热利湿息风，也可以清目去翳，平常能够用以人类眼赤、头痛及其眩晕与在惊搐以扩骨蒸劳伤等多种多样欠佳病症的医治，医治作用十分显著。活血也是鲍鱼壳的关键功效之一，平常它能医治人类的外伤性流血，医治时能够把鲍鱼壳煅制，随后碾成粉末状，筛粉之后立即外用在负伤的创口上，随后用劲轻按，就能快速止血。

215. 如何烹调蒜蓉蒸扇贝?

主料：扇贝、粉丝、蒜、姜（少许）、葱（少许）；调料：盐、生抽、植物油。粉丝用水泡软，蒜、姜、葱切末，把它们拌在一起，加盐，还可以加适量的生抽。将拌好的粉丝铺在贝肉上，将扇贝放入盘子。加盖隔水蒸大约 5 min 取出，淋上少许明油即可。

216. 贻贝有何营养特点?

贻贝亦称海虹，是一种双壳类软体动物，壳黑褐色，生活在海滨岩石上。分布于中国黄海、渤海及东海沿岸。贻贝壳呈楔形，前端尖细，后端宽广而圆。一般壳长 6～8 cm，壳长小于壳高的 2 倍。壳薄。壳顶近壳的最前端。两壳相等，左右对称，壳面紫黑色，具有光泽，生长纹细密而明显，自顶部起呈环形生长。野生贻贝的生长环境是在礁石之上，目前养殖场大多使用缆绳聚养的方式进行养殖，这样使得贻贝的产量大且没有泥沙。因其色泽黄里透红，营养丰富，被誉为海中鸡蛋。贻贝煮熟后可加工成干品——淡菜。

217. 如何烹调雪花北极贝?

主料：北极贝；配料：蛋清、牛奶、生粉；调料：盐、鸡粉。制作方法：①牛奶加入生粉、盐和鸡粉，搅拌均匀。②鸡蛋清顺一个方向搅拌均匀，然后加入牛奶中混合。③炒锅上火烧热滑油，倒入鸡蛋液，用慢火来不停地翻炒。等到蛋液快凝固的时候，放入北极贝，翻炒均匀，即可出锅。

218. 北极贝有何特点?

北极贝是源自北大西洋冰冷深海的一种贝类，在 50～60 m 深海底缓慢生长，耗时 12 年，因而形成天然独特的鲜甜味道。北极贝具有色泽明亮（红、橘、白），味道鲜美，肉质爽脆等特点，且含有丰富的蛋白质和不饱和脂肪酸（DHA），是海鲜中的极品。

219. 蛏子有何营养特点?

蛏子根据形态的不同，主要可以分为两种：一种其个头较大且直，学名为竹蛏；一种个头较小，皮薄，身体两端呈椭圆。蛏子的生长环境与蛤蜊一样，都是在泥沙当中，在购买时尽量买含泥沙少的，两种蛏子烹饪起来味道都十分鲜美。蛏子营养价值十分丰富，其中含有丰富的蛋白质、钙、镁等营养物质，对于心、肝、肾都有一定的增益效果，适合用于清热、补虚，并且对于甲状腺功能的改善也有一定作用。另外，多食用蛏子还能够有助于大脑的营养补充。

220. 蛤蜊如何清洗干净?

由于蛤蜊的生长环境是在泥沙当中，因此壳内都会带有泥沙。在购买时尽量挑盛有海水盆的摊位，在海水盆里泥沙会随着蛤蜊的吐水而带出，减少了含泥沙的蛤蜊。购买后将买来的蛤蜊在清水下把蛤蜊的表面清洗干净，然后把它放在一个干净的盆里，最好是往盆里倒入一些温盐水。然后再滴一些油到盆里，用筷子迅速地搅拌一下，让水面形成一层膜，然后隔绝了水里和外面进行空气交换，这样蛤蜊就会不断地开口呼吸，从而吐出沙。

221. 魁蚶有何营养特点?

魁蚶具有较高的营养价值，富含钙和维生素 E 等营养物质，是一种优质高蛋白且低脂肪的食品，其味道鲜美，具有良好的市场前景和开发利用价值。食用魁蚶能够具有健脑、明目的功效；能健脾、胃，促进肠道的蠕动，适合脾气虚弱者；能够美颜护肤、疏通血液，对于皮肤衰老及因过敏导致的皮肤瘙痒等问题都有一定作用。另外，研究表明，魁蚶还具有抑癌抗瘤的作用，能够抑制癌细胞的生长，有效预防癌症的发生率。对于不同地理群体的魁蚶而言，其氨基酸组成均有 18 种，平均氨基酸总量更是高达 702.82 mg/g，呈味氨基酸含量高达 40%以上，必需氨基酸平均占总氨基酸含量的 34.82%，与 WHO/FAO 推荐的模式接近，必需氨基酸指数（EAAI）高于多种双壳贝类。

222. 如何区分蛤蜊、油蛤、蛏子、血蚶?

蛤蜊：椭扇形壳，外面自然生长出的漂亮花纹，每个蛤都不一样。在菜市场挑蛤蜊的时候，蛤蜊会伸出两条腿水管滋水。

油蛤（芒果螺）：蛤蜊有一个兄弟，叫油蛤。壳更修长，壳质更光滑，泛着一层油光，所以叫“油”蛤。花纹更细密，基本为高频率锯齿波。

蛏子：肉质肥嫩清甜，自家做一般加料酒清蒸，可葱油炒，可椒盐。特征为长方形壳，一头两条美腿，一头一个肉脚。

血蚶：因富含血红素，蚶血鲜红而得名。壳为多条棱的圆鼓鼓的扇形壳，掰开以后，壳的内侧有“齿”。

223. 如何烹调酸辣北极贝?

主料：北极贝；配料：葱姜蒜末、芦笋；调料：盐、鸡粉、蒜蓉辣椒酱、柠檬汁、白糖。制作方法：①北极贝对开，芦笋焯熟摆放在盘边。②锅中加油，炒香葱姜蒜末，再加入辣椒酱炒香。加入盐、鸡粉、白糖，淋入柠檬汁和少许的清水，调制均匀后，放入北极贝，勾芡即可出锅。

224. 如何烹调家常贻贝汤?

材料：新鲜贻贝、小葱、生姜、料酒。制作方法：①把贻贝夹住的海草剪掉，洗干净贻贝外壳。②把葱切成葱花，生姜切丝。③锅里注入清水，放入姜丝、贻贝，盖上锅盖，大火烧开，小火慢炖。④当贻贝全张开壳，关火，放盐调味，放入少许料酒，撒葱花，装盘即可。

225. 如何烹调蒜茸贻贝?

材料：贻贝 250 g。调料鸡粉 1/4 大匙，鲜蒜蓉 3 大匙，精盐 1/4 小勺，味精 1/3 小勺，胡椒粉 1/5 小勺，鸡油 4 大匙，淀粉适量。制作方法：①贻贝洗涤整理干净；将鸡粉、鲜蒜蓉、精盐、味精、胡椒粉、鸡油、淀粉装碗，调拌匀，兑成“蒜蓉汁”备用。②将贻贝沥干水分，拌入“蒜蓉汁”，上屉蒸 6 min左右，取出装盘即可。

226. 如何选购蚶子?

蚶子又名瓦楞子，是我国的特产。由于蚶肉鲜嫩可口，价廉物美，被人们视为美味佳肴。新鲜的蚶子，外壳亮洁，两片贝壳紧闭严密，不易打开，闻之无异味。如果壳体皮毛脱落，外壳变黑，两片贝壳开启，闻之有异臭味的，说明是死蚶子，不能食之。目前，有些小贩子，将死蚶子已开口的贝壳，用大量泥浆抹上，使购买者误认为是活蚶子，为避免受害，以逐只检查为妥。

227. 如何选购鲍鱼干?

鲍鱼，又名将军帽，耳贝。壳坚厚，内藏在壳内，足部相当发达。鲍鱼形体扁而椭圆，色泽黄白，无骨骼。海产的鲍鱼种类有盘大鲍、杂色鲍、耳鲍等。鲍鱼干，以质地干燥，呈卵圆形的元宝锭状，边上有花带一环，中间凸出，体形完整，无杂质，味淡者为上品。市场上出售的鲍鱼干制品有紫鲍、明鲍、灰鲍三种，其中紫鲍个体大，呈紫色，有光亮，质量好；明鲍个体大，色泽发黄，质量较好；灰鲍个体小，色泽灰黑，质量次。

228. 蛤蜊主要分布在哪些区域?

蛤蜊在世界广泛分布，主要分布于中国、日本、韩国和澳大利亚。蛤蜊科贝类北半球分布较南半球多，以 90°E～155°E 分布最多，在中国的辽宁、山东、江苏、浙江、福建、广东、海南、中国台湾、中国香港等沿海地区几乎都有分布。

229. 如何挑选鲍鱼?

新鲜的鲍鱼一般能够吸附在玻璃缸壁上，用手摸一摸，感觉肉质柔软且有反应的，证明是新鲜的。

230. 如何挑选扇贝?

在挑选扇贝时可以通过其外壳进行挑选，尽量选择那些颜色一致、有光泽的。在水中能够一张一合且能够对外界刺激有反应的证明是新鲜的。

231. 如何选购蛤蜊？

新鲜的蛤蜊，外壳具固有的色泽，平时微张口，受惊时两片贝壳紧密闭合，斧足和触管伸缩灵活，具固有气味。如果两片贝壳开口，足和触管无伸缩能力，闻之有异臭味的，不能食之。

232. 什么是瑶柱？

瑶柱，又名珧柱、干贝，即扇贝的干制品。古人曰："食后三日，犹觉鸡虾乏味。"可见干贝之鲜美非同一般。它是由扇贝的闭壳肌风干制成。干贝富含蛋白质，碳水化合物，核黄素以及钙、磷、铁等多种营养成分，蛋白质含量高达61.8%，为鸡肉、牛肉、鲜对虾的3倍。矿物质的含量远在鱼翅、燕窝之上。干贝含丰富的谷氨酸钠，味道极鲜。与新鲜扇贝相比，腥味大减。干贝具有滋阴补肾、和胃调中的功能，能治疗头晕目眩、咽干口渴、虚痨咳血、脾胃虚弱等症，常食有助于降血压、降胆固醇、补益健身。据记载，干贝还具有抗癌、软化血管、防止动脉硬化等功效。

233. 毛蚶有何营养特点？

毛蚶，又可称为毛蛤、瓦楞子等，主要分布在我国的近海海域，其中以山东、辽宁及河北省沿海的产量最高，是渤海湾的主要经济埋栖型贝类。毛蚶的营养与药用价值较高，有化痰、软坚、散瘀、消积等功效，可治痰积、胃痛、嘈杂、吐酸、症瘕、瘰疬、牙疳等病症，现广泛应用于临床治疗胃病及十二指肠溃疡。

234. 血蚶有何营养特点?

蚶肉味甘咸、性温，入脾、胃、肝经；具有补益气血、健脾益胃、散结消痰之功效；用于症瘕痞块、老痰积结等症；又有制酸止痛作用，可用治胃痛泛酸的病症。

235. 海瓜子有何营养特点?

海瓜子不仅味道鲜美，而且还有较高的营养价值，还具有调节血脂、预防心脑血管疾病、平咳喘等功能。海瓜子壳甚薄，体表有黏液，含有丰富的蛋白质、铁、钙等多种营养成分，是一种营养价值高的大众化海产品，食用海瓜子在 3 月和 8 月这两个月为最佳，此时的海瓜子头大脂厚，体黄，味道鲜美。

236. 什么叫江珧?

江珧亦作“江鳐”，潮汕俗名割猪刀、杀猪刀，一种海蚌，壳略呈三角形，表面苍黑色。肉柱味鲜美，为海味珍品。宋代苏轼《四月十一日初食荔支》诗：“似开江鳐斫玉柱，更洗河豚烹腹腴。”宋代刘子翚《食蛎房》诗：“江瑶贵一柱，嗟岂栋梁质。”明代李时珍《本草纲目·介二·海月》：“《王氏宛委录》云：奉化县四月南风起，江珧一上，可得数百。如蚌稍大，肉腥韧不堪。惟四肉柱长寸许，白如珂雪，以鸡汁瀹食肥美。过火则味尽也。”

237. 蚝油是如何生产出来的?

蚝油，是用牡蛎与盐水熬成的调味料，蚝油可以用来提鲜，也可以凉拌、炒菜，中国及菲律宾等国家常用。蚝油的生产方法有三种：①用鲜牡蛎干制加工的汁或将鲜牡蛎捣碎熬汁，经过浓缩后而制成的一种液状鲜味调料。②新鲜蚝肉捣碎研磨熬汁。③加工蚝油。三种方法生产出的蚝油均是高级调味料，而以复加工蚝油为最佳。优质蚝油应呈半流状，稠度适中，久贮也无分层或沉淀现象。蚝油的质量以呈稀糊状，无渣粒杂质，红褐色至棕褐色，鲜艳有光泽，具特有的香味和酯香气，味道鲜美醇厚而稍甜，无焦、苦、涩和腐败发酵等异味，入口有油样滑润感者为佳。根据调味的不同，蚝油又可分为淡味蚝油和咸味蚝油两种。

238. 象拔蚌有何营养特点？

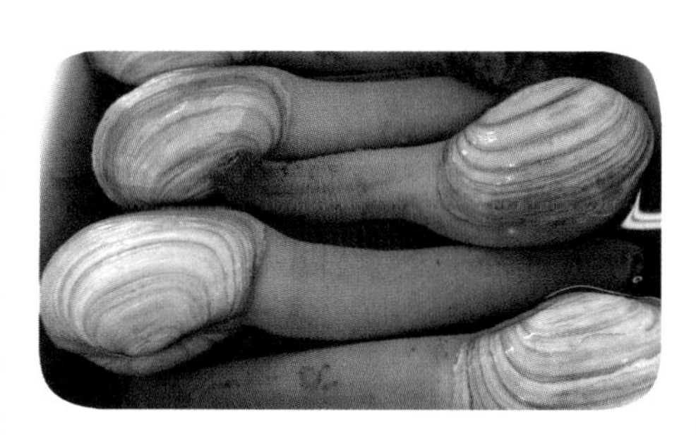

象拔蚌营养价值高，食疗效果好，出肉率高，达60%～70%，其中主要食用部位为水管肌，占总食用量的30%～35%，每100 g含热量81 kJ、蛋白质14.4 g、脂肪1.3 g，具很高的营养价值。具有维持钾钠平衡，消除水肿，提高免疫力，调低血压，缓冲贫血的作用，有利于生长发育。适宜消瘦，免疫力低，记忆力下降，贫血，水肿等症状的人群，同时也适宜生长发育停滞的儿童以及缺铁性贫血患者。

239. 食用贝类怎样才能既饱口福又保证安全呢？

贝类因其口感细腻，营养丰富，受到广大消费者的青睐。在我国的年产量高达1 000多万t。在高产量的同时，卫生安全问题也是不能忽视的，为了确保贝类水产品的食用安全，我国政府的有关部门为此做了大量工作。从2003年开始，农业部就已经开始在全国范围内对贝类生产区域进行了质量安全的监控工作，一些产区还建设了贝类净化中心；同时，为了保障消费者对于贝类的食用安全问题，卫生部及各级食品卫生管理部门也建立了消费预警公告制度。由于贝类产品在流通的各个环节都有可能被环境所污染，因此，在购买时应尽量选择正规的渠道，在食用时更要煮熟后方可食用。

240. 文蛤有何营养特点？

文蛤肉质肥美，营养丰富，具有很高的食疗和药用价值。文蛤中富含蛋白质以及钙、镁、钾等多种矿物质。研究表明，文蛤有化痰、清热利湿、散结等功效，能够对气管炎、甲状腺肿大及哮喘等都有很好的疗效。《本草纲目》对于文蛤的介绍，说它能治疮、疖肿毒，消积块，解酒毒等。食用文蛤，有润五脏、止消渴，健脾胃，治赤目，增乳液的功能，受到国内外广大消费者青睐。文蛤肉有滋阴利水的功能。蛤粉与清热解毒的药青黛及黄芩等共同制成的中药片剂，可以治疗慢性气管炎、哮喘。蛤粉还可以和冰片、枯矾研末，外用治疗中耳炎。蛤粉与海藻、海螺、海螵蛸等组成四海舒郁丸，适用于甲状腺癌的治疗，取得了一定疗效。病属邪热痰结者宜之，气虚有寒者不得用文蛤。

241. 西施舌有何营养特点?

西施舌又称车蛤、土匙、沙蛤。分布于我国沿海。获得西施舌后，可取肉洗净鲜用。味甘、咸，性凉。能滋阴生津，凉肝明目，清热息风。用于胃热烦渴，肝热目赤及热邪伤阴，虚风内动等。鲜肉含水量为82.31%，粗蛋白11.18%（占干基质量的63.19%），粗脂肪0.54%，灰分2.36%；西施舌蛋白质中含有18种必需氨基酸，其中含人体所需的全部8种必需氨基酸，必需氨基酸的质量分数为20.93%（干基），占氨基酸总量的36.28%，谷氨酸（Glu）、天冬氨酸（Asp）和甘氨酸（Gly）的质量分数较高，分别占干基的7.80%、5.57%和6.70%；高度不饱和脂肪酸C20：5（EPA）和C22：6（DHA）分别占脂肪酸总数的20.41%和10.20%；西施舌含有较丰富的铁和锌，在其干基中的质量分别为130.0 mg/kg和52.0 mg/kg。

242. 海蚌有何营养特点?

海蚌肉质脆嫩，味甘美，适于体质虚弱，气血不足，营养不良者，高胆固醇、高血脂体质的人以及患有甲状腺肿大、支气管炎、胃病等疾病的人尤为适合。

243. 如何选购干贝?

干贝是由扇贝或日月贝或江贝内的闭壳肌，经加工晒干制成的海味干制品。干贝外形呈圆柱状，肉质带有纹理。在选购时尽量挑选颜色淡黄且有光泽的。干贝个体越大，说明越优质新鲜。

244. 如何选购淡菜?

市场上出售的淡菜，按大小可依次分为小淡菜、中淡菜、大淡菜以及特大淡菜。其中小淡菜又名紫淡菜，体形最小。在南方一般是生食或调料食用，一般用开水泡发后即可；中淡菜其体形如同小枣般大小；大淡菜其体形如同大枣般大小；特大淡菜体形最大，每3个干制品就大约有50 g重。干制后的淡菜其外表扁圆，中间有缝，外皮生小毛，色泽黑黄。在进行选购时，以体大肉肥，色泽棕红，富有光泽，大小均匀，质地干燥，口味鲜淡，没有破碎和杂质的为上品。

245. 蚬子有何营养特点？

蚬子肉味鲜美，营养价值高，可供食用，也是鱼类、水禽的天然饲料。又为中药药材，有通乳、明目、利小便和去湿毒等功效。贝壳可煅烧石灰。

246. 河蚬有何营养特点？

河蚬不仅有健脾开胃、明目通乳等功效，还含有丰富的蛋白质、氨基酸和钙离子等，能够促进新陈代谢，对骨质疏松也有一定的疗效。近几年来，随着河蚬出口量的增加，河蚬的价格水涨船高，每年从国外进口的河蚬更多地被用作醒酒、护肝的药膳。

247. 织纹螺是一种怎样的贝类呢？

织纹螺，又名海丝螺，在民间也被称为麦螺、白螺等。在我国主要分布在东南沿海一带，由于其可能具有毒性，不作为我国的主要经济贝类进行养殖，更多是采用捕捞的方式。可以通过外表来对织纹螺进行辨认，织纹螺形似圆锥体，外壳为灰褐色或黄褐色，带有褐色或红黄色的螺带，长1～2 cm，螺层为7～9层，顶部数层有凸起的纵向细肋。相比其他几种常食用的螺类，差别较大。如东风螺（也叫花螺）为黄白色外壳，表面光滑并具有长方形的紫褐色斑块；而红螺跟香螺等则个体相比织纹螺要大许多倍，因此还是比较容易进行辨别的。

248. 食用织纹螺为什么会中毒？

织纹螺本身并无毒性，其毒性是通过生长环境所富集的。如果人误食了含有毒素的织纹螺，那么就可能会引起中毒。由于织纹螺的生长与食物链的形成随着季节变化而变化，因此对于织纹螺的食用中毒现象也呈明显的季节性，主要爆发于4—8月份。中毒症状也因中毒的程度而不同。轻者主要以恶心、呕吐为主。重者可能会导致头晕、言语不清甚至出现昏睡等症状。我国的织纹螺的中毒情况早在20世纪70年代就有报道，因此，我国也针对织纹螺的食物中毒情况制定了相关的法律法规，以减少因食用织纹螺而中毒的事件发生。

第四章 藻 类

249. 如何挑选海带？

一是看色泽，海带的颜色以紫中微黄，黄中带绿，绿里透明的为最好。一般新鲜藻类都有独特光泽，不新鲜的色泽暗淡。二是用手摸、拉，在市场里有时候会遇到一些无良商家，把一些看似几百年的海产品都摆出来，那种海带摸一下你手上就会沾上一些不知名的黏液。还可以用手轻轻拉，好的海带有韧性，而轻轻一拉就断的肯定是次品或者劣质品。三看完整度，购买海带时要记得打开看看，是否有损坏或小孔洞，要选那种没有损毁的海带，以完整没有孔洞、肥厚、够长、够宽者为佳。四是闻味道，海带等藻类也是有腥味的，腥味越重越新鲜，反之则越不新鲜。五看粉末，海带特有的粉末，粉末越多说明越好，如果很少或者没有，可能就是陈年的海带建议别买了。海带经加工捆绑后，应该无杂质，整洁干净，无霉变。

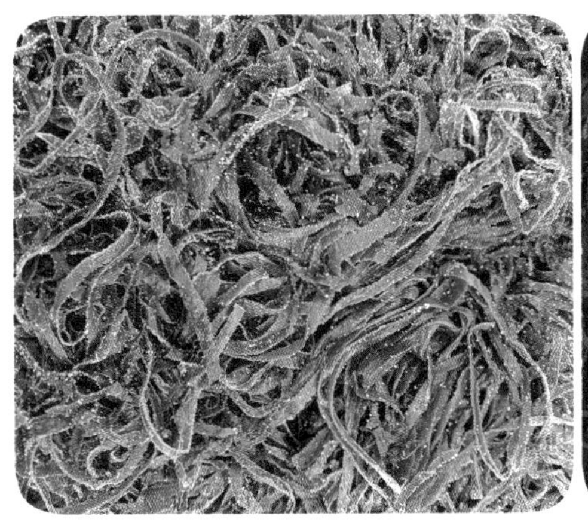

海带丝

250. 常食用的藻类有哪些？

“海藻”是生长在海中的藻类的统称，是植物界的隐花植物，藻类包括数种不同类以光合作用产生能量的生物。它们一般被认为是简单的植物，主要特征：无维管束组织，没有真正根、茎、叶的分化现象；不开花，无果实和种子；生殖器官无特化的保护组织，常直接由单一细胞产生孢子或配子；以及无胚胎的形成。我国所产的大型食用藻类有50～60种。常见的食用藻包括紫菜、石花菜、海带、裙带菜、龙须菜、沙菜、海葡萄和发菜等。

裙带菜（左）与石花菜（右）

251. 海带的营养价值如何？

海带是人们爱吃的一种海味品。每100 g海带含钙1 177 mg，磷216 mg，铁150 mg，其他胡萝卜素，维生素 B_1、维生素 B_2 含量也相当丰富，难能可贵的是海带中含有0.2%～0.4%的碘质，碘是维持人体健康很重要的物质。海带是含碘最高的食品，但你或许不知道，海带还含有一种贵重营养药品——甘露醇。海带的碘和甘露醇多附在它的表层，尤其是甘露醇，呈白色粉状附在海带的表面。因此，白色粉末附着的多少是测定海带质量高低的首要条件。这是鉴别的方法之一。每年5月中旬到6月末是海带集中收获季，海带含有丰富的钙和铁元素，以及粗纤维，不仅可以补血还可以预防便秘，是一种物美价廉的保健食物。多数刚捞上来的海带碘含量较高，直接食用口感会较涩，用清水浸泡一夜后烹制口感会好。海带应选择厚实、形状宽长、身干燥、色浓黑褐，边缘无碎裂的。

252. 常见海带菜肴的做法有哪些？

海带在冬季食用，有非常好的御寒作用，在生活中，我们在煲汤的时候常常会放些海带在里面，这样能起到提味且补充营养的作用。

海带排骨汤：取海带 100 g，温水泡软，洗净，切小块；猪排骨 250 g，洗净，切段。共入锅中，加水 1 500 mL，武火煮沸，文火炖至骨酥肉烂，酌量添加精盐，即成。食肉喝汤，每日 1 次。

海带羊肉汤：取海带 100 g，羊肉 150 g，白萝卜、胡萝卜各 50 g。将海带洗净，温水泡发切丝；将羊肉、白萝卜、胡萝卜洗净切小块，共入砂锅内，加水 1 000 mL，武火烧沸，文火炖 1.5 h 即成，每日 1 次食用。

海带豆腐汤：取海带、豆腐各 250 g，姜片、葱丝、盐、鸡精适量。将海带洗净切丝，豆腐切块，先用炒锅将姜片、葱丝爆香，加入豆腐、盐，翻炒至豆腐微黄，再放入海带，翻炒约 1 min，加水（漫过主料 1 cm），加入鸡精，武火烧 10 min，剩少许汤即成。每日或隔日 1 次食用。

253. 海藻多糖有哪些？

海藻主要由红藻、褐藻、绿藻和蓝藻四大类组成，世界海洋中约有 8 000 多种海藻。多糖是所有生命有机体的重要组分，在控制细胞分裂、调节细胞生长以及维持生命有机体正常代谢等方面具有重要作用。海藻多糖是一类多组分的混合物，是一类难以被消化吸收的细胞间黏性多糖，根据其来源，可分为红藻多糖、褐藻多糖、绿藻多糖和蓝藻多糖。红藻多糖，主要来自紫菜、龙须菜、江蓠和石花菜等，有半乳聚糖、甘露聚糖、木聚糖、葡聚糖等，其中半乳聚糖居多，由半乳糖为主的单糖构成，常见的有琼胶和卡拉胶等。褐藻多糖，主要来自海带、巨藻、泡叶藻和墨角藻等，有褐藻胶、褐藻糖胶和褐藻淀粉等；绿藻多糖，主要来自团藻、衣藻、石莼和小球藻等，有构成其细胞壁填充物的木聚糖和（或）甘露聚糖，还有少量存在于细胞质内的葡聚糖；蓝藻多糖，目前对蓝藻多糖的研究较少，主要以螺旋藻多糖为代表。

254. 紫菜有何营养价值?

紫菜是人们所熟知的食用海藻之一，在每 100 g 干紫菜中钙的含量超过青豆；磷、铁、碘的含量更丰富，每千克紫菜中含碘 18 mg，碘是调节人体内氧化作用和新陈代谢不可缺少的物质。紫菜的维生素 A 含量也很高，每 100 g 紫菜中含 36 000 IU。维生素 C 也很丰富，比橘子汁还要高。由此可见，紫菜是一种营养价值高的食用海藻，尤其是在炎热的夏季，以紫菜做汤是味美可口的佳肴。

255. 吃海带有哪些禁忌?

（1）脾胃虚寒者和患有甲亢的病人不能吃海带，因为海带是一种寒性的食物且碘含量较高，这两种患者要少食海带，否则会加重脾胃不适，引起腹泻。

（2）孕妇和乳母不要多吃海带，因为海带中含有丰富的碘元素，虽然可以预防甲状腺疾病，但是海带不可以多吃，食用过量会造成体内碘元素超标，而且海带中所含有的砷元素食用过量时会导致中毒。

（3）吃完海带后不要立刻喝茶、吃水果，因为喝茶或者吃酸涩的食物，可能会引起胃肠不适，同时影响人体对海带中钙、铁元素的吸收。

256. 哪个时期收获的坛紫菜品质更高?

研究结果表明，不同收割期坛紫菜的感官品质、蛋白质和滋味物质都有显著差异性。头水坛紫菜色泽偏黑紫色，质量最高，二水和三水坛紫菜色泽相对偏黄。质构方面，头水紫菜的质地更为细嫩，三水坛紫菜相对蓬松。坛紫菜蛋白质含量丰富，头水坛紫菜的含量明显高于二水和三水坛紫菜。随采收期次的增加，其总氨基酸含量、必需氨基酸含量和游离氨酸含量显著减少，其中呈味游离氨基酸中鲜味类氨基酸和甜鲜味类氨基酸总和均占总游离氨基酸 90%以上，说明坛紫菜具有甘鲜味浓的良好口感。总体上，坛紫菜具有较高的营养价值，前期收割的坛紫菜品质相对更好，鲜味度更高，适宜开发作为食品。

257. 坛紫菜和条斑紫菜有什么区别?

条斑紫菜和坛紫菜同为红藻纲红毛菜科。

条斑紫菜藻体呈鲜紫红色或略带蓝绿色，卵形或长卵形，一般高 12～70 cm。基部呈圆形或心脏形，边缘有皱褶，细胞排列整齐，平滑无锯齿。色素体星状，位于中央，基部细胞延伸为卵形或长棒形。雌雄同株。叶状体能形成单孢子进行营养生殖。为中国北方沿岸常见种类，长江以北的主要栽培藻类。

坛紫菜藻体呈暗紫绿略带褐色，披针形、亚卵形或长卵形，长 12～30 cm。基部呈心脏形、圆形或楔形，边缘稍有褶皱或无，具有稀疏的锯齿。藻体单层，局部双层。色素体单一或少数具双。基部细胞呈圆头形。雌雄异株，少数同株。为暖温带性种类，中国浙江、福建和广东沿岸的主要栽培藻类。

条斑紫菜（左）与坛紫菜（右）

258. 南北方坛紫菜多糖组分有什么变化?

随着藻体生长发育，坛紫菜琼胶中 3,6－内醚－L－半乳糖和 6－OCH_3－D－半乳糖的含量逐渐增加，而硫酸基的含量呈现先增加后减少的规律；北移坛紫菜琼胶中 3,6－内醚－L－半乳糖的含量高于南方坛紫菜，而硫酸基和 6－OCH_3－D－半乳糖的含量低于南方坛紫菜。

259. 紫菜有什么功效?

紫菜不仅味道鲜美，而且营养丰富，尤其是碘的含量很高，所以紫菜很早就被用来治疗因缺碘而引起的甲状腺肿大，俗称“大脖子病”。紫菜具有一定的软化体内积块的功能，可通过食用紫菜对有郁结积块的患者起到一定的治疗效果。紫菜中含有丰富的胆碱成分，有增强记忆的作用。由于含有一定量的甘露醇，可作为治疗水肿的辅助食品。紫菜中含丰富的钙、铁等矿物质，不仅是治疗贫血的天然优良食物，同时对儿童的骨骼、牙齿的生长和保健具有一定的促进作用。

260. 紫菜是如何生长的?

紫菜又名紫英，是海中互生藻类的统称，不仅味道鲜美而且含有大量的膳食纤维及多种矿物质。紫菜的生长是从接种开始的。每年的 4 月初将自由丝状体喷洒接种到贝壳上，养殖在育苗池中，待丝状体生长到一定程度产生壳孢子囊枝后分裂形成壳孢子。在进入壳孢子放散阶段后，使用机械固定网帘不停转动，将壳孢子苗采收到网帘上。到 9 月份时即可将采收的紫菜苗帘运送至固定海域进行养殖。大约至 11 月份时即可进入紫菜的采收阶段了，12 月份为紫菜的采收旺季。紫菜的生长过程需要进行施肥、除杂藻等日常管理。

261. 海藻的蛋白质含量高吗?

不同种类的藻类植物其蛋白质含量各不相同。一般绿藻和红藻的含量高于褐藻。绿藻的蛋白质含量介于 10%～26%之间（干重），而红藻的含量则更高一些，红藻的有些种类的蛋白含量可达到 47%，远远超过了黄豆的蛋白质含量。

262. 海藻和海草有什么区别?

藻类是原生生物界一类真核生物，其中也有少量的原核生物，如蓝藻门的螺旋藻。主要水生，无维管束，能进行光合作用。海藻体型大小随生长环境、营养、光照而差异明显，如体长只有 1 μm 的鞭毛藻，也有长达 60 m 的褐藻。藻类与陆生植物不同，它们没有真正的根、茎、叶等，也没有维管束。海藻的这些特点与苔藓植物相类似。与海藻不同，海草是地球上可完全生活在海水中的被子植物，是由陆地植物演化到适应海洋环境的高等植物，在植物进化上拥有重要地位。在热带和亚热带地区，海草场、红树林和珊瑚礁，是三大典型海洋生态系统。

263. 藻毒素对海洋生物的致毒途径有哪些?

藻毒素对海洋生物的致毒途径主要有吞食和接触两个主要途径。直接吞食藻类而引起的海洋生物致毒的现象主要发生在海洋生物的幼年期，此时的海洋生物多以浮游生物为饵料。通过吞食和食物链的积累导致中毒。此外，某些海洋藻类具有溶血、溶解细胞的能力或具有一定的神经毒性，可通过直接接触引起海洋生物中毒。食蚊鱼暴露在短裸甲藻环境中仅数分钟就会出现颤抖、失去平衡、呼吸困难直至死亡。值得注意的是，除上述两种主要途径外，赤潮引起的藻类死亡、腐败及分解所导致的海洋生物致毒也逐渐引起关注。

264. 雪卡毒素是怎么产生的，对人有哪些危害?

雪卡毒素，又名西加毒素。首次发现于雪卡鱼类并因此而得名，其真实来源是一种双鞭藻——岗比毒甲藻。该毒素是一种脂溶性高醚类神经性毒素，无色无味、耐热、耐酸，毒性比河豚毒素强 100 倍，是目前已知的对哺乳动物毒性最强的毒素之一。目前已知的雪卡毒素主要有太平洋雪卡毒素、加勒比海雪卡毒素和印度雪卡毒素三类。雪卡毒素对鱼类自身并无危害，对人体造成危害的主要途径是由食用含雪卡毒素的鱼类引起的。毒素通过食物链在鱼体内逐级传递和积累，最终传递给人类。通常雪卡毒素仅限于热带和亚热带海区珊瑚礁周围以岗比毒甲藻为食的鱼类，特别是刺尾鱼、鹦嘴鱼等以及捕食这些鱼类的肉食性鱼类如海鳝、石斑鱼等。中毒后可出现消化系统、神经系统和心血管系统症状，由于雪卡毒素引起的症状比较复杂，尚不能用钠通道机理来解释发病机理，所以中毒机理仍不明晰。

265. 盐藻的培养与其他藻类培养相比有什么特点?

盐藻属绿藻门、绿藻纲、团藻目、盐藻科、盐藻属，主要培养品种是杜氏藻（*Dunliella salina*），是一种单细胞的海洋浮游类经济藻类，广泛分布在世界各地的海洋、盐池、咸水湖和淡咸水中，是目前已知唯一能在接近淡水至饱和盐溶液中生长的真核生物。

盐藻的无细胞壁却有鞭毛的特殊构造，使其易于采收、提取，具有成本低的优势。盐藻的培养主要用于提取β-胡萝卜素，其生产加工后的藻渣富含蛋白质，既可用于高附加值产品（如藻多糖、芳香物）的生产，也可以作为海参、鲍、虾等高附加值海产品养殖的优质饵料。

266. 我国淡水养殖的藻类有哪些?

藻类植物品种多样且分布极为广泛，其中淡水藻类在江河、湖泊、池塘、小溪、水坑、冰雪、岩石、墙壁都有发现。我国淡水养殖藻类主要有色球藻、盘星藻、水绵藻、海链藻和螺旋藻等。其中，养殖最多的藻类为螺旋藻。

螺旋藻，属蓝藻门蓝藻纲颤藻科螺旋藻属，是一种古老的低等原核水生植物。螺旋藻是自然界中营养成分最丰富、最全面的生物之一，富含蛋白质、类胡萝卜素、必需氨基酸、维生素以及多种微量元素，具有减轻癌症放、化疗的毒副作用，提高免疫功能，降低血脂的功效，同时对改善营养不良、病后体虚也具有一定的功效。目前已发现35种以上的螺旋藻，在淡、咸水中均有发现记录，但国际上用于生产的只有钝顶螺旋藻和巨大螺旋藻两种。

267. 藻类有哪些捕光色素?

海藻光合作用的一个特点是色素的多样性。已知有5种叶绿素有叶绿素a、叶绿素b、叶绿素C_1、叶绿素C_2和叶绿素d。还有60余种胡萝卜素和近20种藻胆蛋白。在海藻中，能捕捉光能并将光能传递到叶绿体上的除叶绿素a和叶绿素b外，还有叶绿素C_1、叶绿素C_2和叶绿素d，以及藻蓝蛋白、藻红蛋白等藻胆蛋白。这些捕光色素起着吸收和传递能量的作用，使海藻适应海洋真光层的各种光照条件，对海藻的生长和进化有着重要意义。

268. 影响螺旋藻培养的因素主要有哪些？该如何改善？

①螺旋藻养殖池建造及搅拌设备。养殖池应具有土地利用率高、投资低等特点。搅拌设备应简单适用，投资少。②选用螺旋藻良种。一般宜选择藻丝体较长的极大螺旋藻种，其形态特征：藻丝体长 600～800 μm，螺旋直径 50～60 μm，藻丝直径 6～7 μm，螺旋数 5～8 个。③螺旋藻培养基配方及施肥。氮碳源类型及浓度、CO_2 浓度、光波长等参数对螺旋藻的生长均有较大影响，应根据实际情况摸索成本低、产率高的培养技术。④螺旋藻大池培养及日常管理。应在接种、扩藻、养殖日志等方面进行科学养殖和记录。⑤科学采收。当藻池藻液浓度达到吸光度（OD 值）为 1.0 时，即可进行螺旋藻采收。采收时间宜选择在上午 7—10 时进行。

269. 地木耳是什么藻类？

普通念珠藻，念珠藻属的一种。其藻体自由生长，最初为胶质球形，其后扩展成片状，最大可达 10 cm，状如胶质皮膜，暗橄榄色或茶褐色，干后呈黑褐色或黑色。藻丝卷曲，仅在群体周缘的藻丝有明显的胶鞘，黄褐色，厚而有层理，并在横隔处收缢。陆生，广泛分布于世界各地。生长在山丘和平原的岩石、沙石、沙土、草地、田埂以及近水堤岸上，耐干旱，干至手搓即碎时，得水亦能生长。能固氮，耐寒冷，在南极－30 ℃以上时，仍能生存。在中国广泛分布，为传统副食品。

270. 藻红蛋白的功能及应用有哪些?

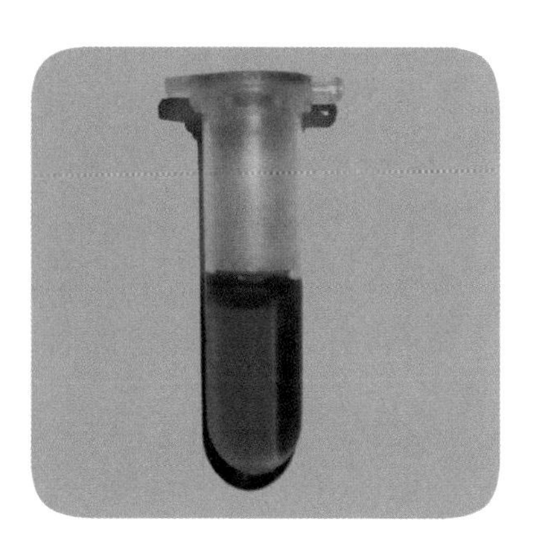

藻红蛋白可以共价连接藻红胆素和藻尿胆素等色基，对短波长的蓝、绿光具有较强的吸收效率，使红藻和蓝藻能够在深水弱蓝、绿光环境中高效地捕获和传递光能。高纯度的藻红蛋白与生物素、单克隆抗体等蛋白结合稳定，可以作为荧光免疫等技术中的荧光探针；同时，藻红蛋白具有抗氧化及抗炎活性，对阿尔茨海默病、肝肾毒、糖尿病等疾病都有一定缓解作用。

271. 蛋白质组学在藻类研究中的应用进展如何?

蛋白质组学技术在藻类研究中已广泛应用于品质差异鉴定、养殖胁迫、生理机制研究等方面。已逐渐由基于凝胶的蛋白质组学向基于高通量技术的非凝胶蛋白质组学技术应用转变，大大促进了藻类蛋白质组学的发展。目前，高通量蛋白质测序的进步已经允许常规产生数千种蛋白质的数据集，相比于基于凝胶的蛋白质组学有了质的提高。总的来说，随着基因组和蛋白质组学信息的增加，大量蛋白质将有助于阐明藻类在海洋生态系统中的重要作用以及它们与其他生物的相互作用，从而更好地了解生物过程和代谢途径。蛋白质组学将越来越多地应用于藻类研究，并在分子水平上促使我们对藻类的认识做出重大贡献。藻类蛋白质组学的研究将在基于质谱技术的蛋白质组学随着质谱仪器的更新与技术进步而发展的驱动下逐渐向高通量、高分辨率的方向发展。

272. 海藻的生长类型有哪些?

浮游生活型：单细胞、群体的浮游藻类，如扁藻。底栖附生型：底栖硅藻，如舟形藻。漂流生活型：不具有鞭毛的单细胞或群体，过漂游生活，如马尾藻断枝、小球藻。水底附着型：多细胞大型海藻，基部有固着器，如江篱。共生、寄生型：如蓝藻中念珠藻属，绿藻中的原球藻，能与子囊菌类或担子菌类共生，构成各类地衣。

273. 藻类提取蛋白的常用方法有什么?

目前藻类蛋白的提取方法有很多，例如水溶液法、酶法、反复冻融法、高压破碎法、超声波破碎法、盐析等。单独使用时这些方法可能会有一些不足，使提取率下降，为了提高蛋白的提取率，可以选择一两种方法混合使用。

274. 哪些海区适合栽培海带?

主要分为三类海区：

一类海区，在大汛潮期的最大流速可达 30～50 m/min，低潮时水深在 20 m 以上，不受沿岸流影响，透明度比较稳定，季节变化幅度 1～3 m，含氮量一般保持在 20 mg/m^3 以上，单产水平为当地最高。

二类海区，大汛潮期的最大流速在 10～20 m/min，低潮时水深在 15 m 左右，受沿岸水流的影响较大，生产季节中透明度变化范围在 0～15 m 间，栽培期间含氮量一般保持在 5～10 mg/m^3，产量居当地中等水平。

三类海区，流速比较小，在大汛潮期，不设筏架的最大流速略小于 10 m/min，而当设栽培筏后，流速只有 2～5 m/min。低潮时水深在 10 m 以下，透明度变化范围在 0～5 m 间，通常有风浪时海水特别混浊，风后或无浪时，海水清澈，有时可见底，有的常年混浊。受大小潮的影响很大，大汛潮较清，小汛潮较混，含氮量一般在 5 mg/m^3 以下，这类栽培区属于低产类型。

275. 藻胆蛋白是什么?

藻胆蛋白是由脱辅基蛋白和藻胆素通过一个或两个硫醚键共价连接而成的。藻胆蛋白主要存在于蓝藻、红藻、隐藻和少数一些甲藻中，其主要功能是作为光合作用的捕光色素复合体，在一些藻类中藻胆蛋白也可以作为储藏蛋白，以使藻类在氮源缺乏的季节得以生存。

276. 虫黄藻对珊瑚虫的作用是什么?

虫黄藻是海藻的一种，是多种海洋动物和原生动物内的一种金黄色细胞间共生菌，特别是珊瑚纲生物，如石珊瑚和热带海葵等常与虫黄藻共生。虫黄藻通过光合作用提供给宿主珊瑚呼吸作用需求的氧气和能量（甘油、脂质等），调节共生体（珊瑚和虫黄藻）营养物的微循环，促进珊瑚钙化。

277. 海藻含有哪些营养成分？

（1）海藻含有比陆上植物更多种及多量的天然无机元素，其中以钠、钾、铁、钙含量最多，这些营养物质对于人体的健康都是非常的重要。经常食用海藻可以补充对铁元素的吸收，对于预防缺铁性贫血的效果也较为显著。

（2）海藻中的氨基酸含量也是非常丰富的，尤其是牛磺酸的含量非常高。陆生动物肌肉蛋白中含硫氨基酸大多不足或缺少，所以经常食用海藻可以很好地补充这些营养物质，有利于人体健康。

（3）海藻中膳食纤维的含量也是非常高的，膳食纤维对于我们人体的健康是非常重要的。海藻的纤维量一般约为干重的30%～65%，远高于豆类、五谷类、蔬菜类及水果类的平均含量，因此，适当的食用海藻对于促进人体的消化功能是非常有效的。

（4）海藻中含有多种维生素，主要的有维生素B_{12}、维生素C及维生素E、生物素及烟碱酸等。

（5）海藻中的蛋白质和多糖的含量也是非常丰富的，经常食用海藻也有利于人体对这些营养物质的补充。

278. 藻类都是水生的吗？

藻类是原生生物界一类真核生物（有些也为原核生物，如蓝藻门的藻类）。主要水生，无维管束，一般都具有进行光合作用的色素，能利用光能把无机物合成有机物，是能独立生活的一类自养原植体植物。绝大部分藻类都是水生的，但也有生长在冰川雪地上的冰雪藻类，也有将藻体的一部分或全部直接暴露在空气中的气生藻类，还有些是生长在土壤表面或土表以下的土壤藻类。就藻类与其他生物生长的关系来说，有附着在动、植物体表生活的附生藻类；也有生长在动物或植物体内的内生藻类；还有的和其他生物营共生生活的共生藻类。总之，藻类的生活习性是多种多样的，对环境的适应性也很强，几乎到处都有藻类的存在。

279. 大型海藻的作用有哪些？

大型海藻作为海洋的初级生产力，对生态效益发挥出越来越多的作用，因此，人们日益重视大型海藻。大型海藻构成了近海海洋生态系统——海藻场，丰富了海洋生物的多样性。大型海藻还能净化水质，为鱼群提供栖息、索饵、生育的场所，保障了海洋的生态效益。

280. 海带种藻如何选择？

海带，海藻类植物之一，是一种在低温海水中生长的大型海生褐藻植物，属于褐藻门布科，为大叶藻科植物，因其生长在海水中，柔韧似带而得名。海带是一种营养价值很高的蔬菜，同时具有一定的药用价值。优良的种藻对海带的养殖具有重要意义。优质海带种藻应具有较大面积的孢子囊群，根茎粗壮，叶片平直，中部宽厚而柔软，呈浓褐色而富有光泽，叶片基本呈半圆或心脏形。

281. 藻类的繁殖方式有哪些？

藻类的繁殖方式主要有：①营养繁殖。主要通过细胞分裂或断裂进行繁殖。②无性繁殖。主要通过释放游动的孢子或其他孢子进行繁殖。③有性繁殖。有性繁殖这种方式采用较少，一般发生在艰难时期（生长季节结束时或处于不利的环境条件下）。

营养繁殖：是由植物体的营养器官，如根、茎、叶的一部分，在与母体脱落后，发育成一个新的个体的方式。多细胞藻体的部分细胞离开母体后继续生长直接发育成新的藻体，如黑顶藻的繁殖枝，掉地后则独立生长为新的个体。

无性繁殖：不经过两性生殖细胞的结合，由母体直接产生新个体的生殖方式。藻类的无性繁殖主要依靠孢子，孢子有自由游动的能力而进行繁殖，如蓝藻门的内孢子，红藻门的四分孢子，绿藻门的厚壁孢子等。

有性繁殖：藻类的有性繁殖主要分为接合繁殖和配子繁殖。其中配子繁殖为主要方式，主要分为同配繁殖和异配繁殖。同配由形状大小一样的配子相互接近，融合形成厚壁的合子。而异配则由大小不同，甚至形状不一样的配子融合形成合子。

282. 什么是海藻酸钠?

海藻酸钠是从褐藻或马尾藻中提取获得的一种天然多糖，具有低毒性、生物相容性和降解性好、价格低廉等优点。可用作纺织品的上浆剂和印花浆；也可作为增稠剂、稳定剂和乳化剂应用于食品工业中；也可作为助悬剂、黏稠剂和包埋材料用于医药领域；同时也作为一种高黏性的高分子化合物应用于橡胶、矿业等工业生产领域。

283. 世界上最古老的植物是什么?

世界上最古老的植物是海藻。海藻是生长在海洋中的藻类的总称，是植物界的隐花植物。主要特征：无维管束组织，没有真正的根、茎和叶的分化现象，常直接由单一细胞产生孢子或配子进行无性繁殖。

284. 如何科学选购海藻?

海藻一般以鲜品和干货形式售卖。因此，在购买新鲜海藻产品时，应选择形态完好、色泽均一、韧性强的，购买后需采用低温或盐渍进行保存。购买干货海藻制品时建议购买预包装产品，放置在清洁、阴凉、避光处保存，防止吸潮和营养损失。海藻干制品一般浸泡复水后食用，如果复水后的海藻软糯没有韧性则说明其已经变质。

复水麒麟菜

285. 我国沿海有哪些重要的经济海藻?

我国沿海重要经济海藻主要有海带、紫菜、石花菜和麒麟菜等。

海带，海藻类植物之一，是一种在低温海水中生长的大型海生褐藻植物，属于褐藻门布科，为大叶藻科植物，因其生长在海水，柔韧似带而得名。藻体明显地区分为固着器、柄部和叶片。固着器假根状，柄部粗短圆柱形，柄上部为宽大长带状的叶片。在叶片的中央有两条平行的浅沟，中间为中带部，厚2～5 mm，中带部两缘较薄有波状皱褶。自然生长的分布范围，中国限于辽东和山东两个半岛的肥沃海区。人工养殖已推广到浙江、福建、广东等地沿海。

紫菜，是在海中互生藻类的统称，属海产红藻。叶状体由包埋于薄层胶质中的一层细胞组成，深褐色、红色或紫色。紫菜固着器盘状，假根丝状。生长于浅海潮间带的岩石上。主要在中国沿海地区进行人工栽培，品种主要为条斑紫菜和坛紫菜，21 世纪初中国紫菜产量跃居世界第一位。

石花菜，红藻纲石花菜科。藻体紫红色或棕红色，扁平直立，丛生成羽状分枝，小枝对生或互生，各分枝末端急尖，一般高 10～30 cm。单轴型，皮层细胞间具有许多根样丝，四分孢子囊由末枝形成，呈十字形分裂。精子囊及果胞亦由末枝形成，囊果两面突出，各有一小孔，果孢子囊为长棍棒形。我国黄海、东海及台湾沿海各地均有分布，其中山东半岛海域产量最大。可供食用，也是提取琼胶的主要原料。

麒麟菜，红藻纲红翎菜科。藻体圆柱形或扁平，紫红色，具刺状或圆锥形突起，有分枝，多轴型，营养繁殖，基部有盘状固着器。主要分布在以赤道为中心的热带和亚热带地区，中国地区常见于海南岛、西沙群岛及台湾岛等地。可供食用，同时也可作为提取卡拉胶的工业原料。

汕头南澳岛附近海域野生海藻（汕头大学陈伟洲教授提供）

286. 什么是海藻肥?

海藻肥是以海洋植物海藻为主要原料，经科学加工制成的生物肥料，主要成分是从海藻中提取的有利于植物生长发育的天然生物活性物质和海藻从海洋中吸附并富集在体内的营养物质，包括海藻多糖，酚类多聚化合物，甘露醇，甜菜碱，植物生长调物质（细胞分裂素、赤霉素、生长素和脱落酸等）和氮，磷，钾及铁、硼、钼、碘等矿物质。此外，为增加海藻肥的肥效和肥料的螯合作用，还可融入适量的腐殖酸和微量元素。

287. 我国以海藻为原料的产品有哪些?

主要有海藻食品、海藻胶产品（褐藻胶、琼胶、卡拉胶）、生理活性产品（多糖类活性成分、类胡萝卜素、高度不饱和脂肪酸）。以海藻为原料形成的产业类型有海藻生物医药产业、海藻能源产业、海藻肥料产业、海藻化妆品行业、海藻食品产业、海藻化工材料产业等。

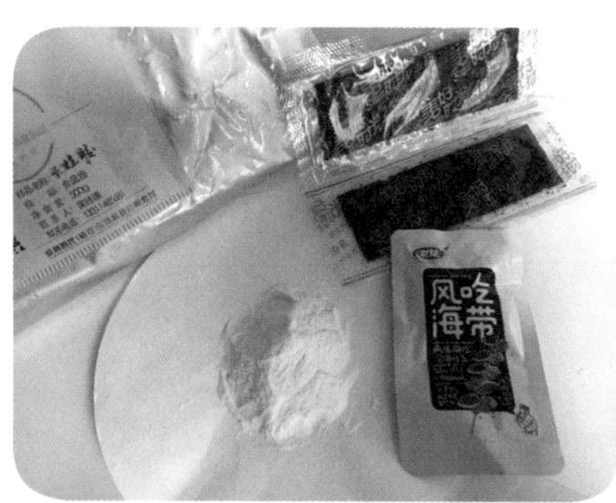

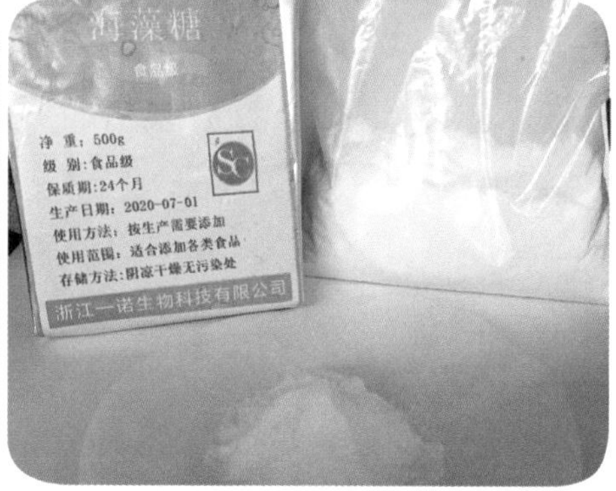

288. 我国海藻产业发展面临哪些主要问题?

(1) 生产要素投入要求苛刻。海藻产业在前期产品研发、成果转化、市场推广等方面都需要先期投入大量资金；由于海藻产业的专业性较强，需要大量的复合型人才，对从业人员尤其是研发人员的素质要求较高；此外，海藻产业的产品周期长、资金周转时间长、见效慢等缺点会增加企业投资风险。

(2) 产品结构层次低。目前我国海藻相关产品多以初级产品为主，如干海带、干紫菜等藻类干制品，缺乏精深加工的高附加值产品。对涉及医药、造纸、功能性食品、能源等高附加值领域的应用还相对较少。

(3) 环境污染严重。目前我国海藻产业的实际情况是低端产品供过于求，高端产品则供小于求。而低端产品的生产由于在加工工艺上仍沿用传统的加工技术，导致海藻废液利用率低、能源消耗大、环境污染重。

(4) 行业标准不完善。由于海藻产业基础相对薄弱且在我国起步较晚，与其他相关产业的关联度不强且市场相对较小，导致相关行业标准和法律法规不完善、不健全，使得我国海藻相关产品在进出口贸易中易受到国际技术壁垒的限制。

289. 海藻来源生物活性肽应用中存在哪些问题?

以海藻为原料制备功能性食品已有不少的研究，但绝大多数研究仅限于实验基础上的成果，在这些功能性产品商品化生产前，还需对其生物利用度、与不同食品基质的相容性、长期稳定性和体内效率等方面进行更多的研究。

(1) 对于抗氧化肽，大多只研究其对体外自由基的清除能力以及亚油酸乳液体系模拟的脂质过氧化的抑制能力，而关于体内抗氧化效果的研究报道相对较少，且抗氧化肽在人体内的安全性评价亟须进一步的研究。

(2) 降血压肽、抗肿瘤肽以及免疫调节肽应重点探究其在胃肠道消化过程中的耐消化性及相关的稳态化保护技术，同时对肽进入靶细胞的细胞通路/途径，以及肽在细胞中发挥生理作用的机制等方面还应继续开展研究。

(3) 探明目标肽剂量与生理效应之间的关系，需开展更多相关的营养和代谢组学研究。

(4) 海藻活性肽产品在商业化之前需评估肽产品的临床安全性，同时需研究不同加工条件及食品辅料对目标肽结构和功能的影响，从而保障其生物活性。随着研究的深入，以海藻蛋白为原料制备生物活性肽将具有广阔的应用前景。

290. 目前海藻生物活性多糖研究中面临的挑战及解决方法是什么？

以海藻多糖为物质基础，针对其提取、分离纯化、生物活性等方面已开展大量研究。利用新技术、新工艺生产大批量具有重要价值的食品、医药用品、化妆品，已成为学术界及产业界共同的奋斗目标。

尽管海藻多糖研究已取得巨大进展，但仍然存在一些亟待解决的问题：海藻多糖提取方法众多，各有利弊，但目前仍以热水浸提为主，效率低、时间长；提取及分离纯化方法的差异，对于海藻多糖的结构以及生物活性的影响尚不明确；海藻多糖结构研究主要集中在单糖组成、分子量等方面，对于多糖的高级结构研究较少；多糖的活性作用机理及其构效关系尚不明确；海藻多糖的应用方面还有待拓展；对于海藻多糖的生物活性的研究很多，但主要以体外实验为主，缺乏体内实验以及临床研究。这些都是海藻多糖研究中面临的挑战。

未来海藻多糖产业可以加强以下几个方面的研究。首先，应用两种及其以上的方法提取海藻多糖，提高多糖的提取率。同时，要加强海藻多糖结构的研究，确定具有生物活性的多糖结构，为食品、医疗等行业的应用提供有力参考。其次，海藻多糖种类繁多，分子修饰在海藻多糖的分子修饰研究已经逐渐成为研究热点，可加强此方面的研究，开发出更多高效低毒的新型海藻多糖药物，增加经济附加值，带动整个海藻产业的健康可持续发展。

291. 海藻多糖在食品添加剂中的主要应用？

（1）增稠剂。以海藻为原料的增稠剂使用最多的是琼胶、卡拉胶和海藻酸钠3大类。琼胶的特点是低浓度即可形成凝胶，是热可逆胶体，其凝胶坚实、硬度较高，缺点是脆性大、透明度低、黏弹性差、易发生脱液收缩等；卡拉胶制作凝胶在室温下即可凝固，凝胶呈半固体状，透明度好，而且不易倒塌，是制作果冻的一种极好的凝固剂；海藻酸钠胶凝条件低，形成热不可逆性胶体，特别适用于人造食品，用作稳定剂使用一般加入冰激凌等冷饮、乳制品、焙烤食品中，浓度一般为0.1%～0.3%。

（2）保鲜剂。海藻多糖具有良好的成膜性、抑菌和抗病毒活性、抗氧化性，用于制作果蔬、肉制品和水产品等的涂膜保鲜剂，能够阻隔微生物并抑制其生长和繁殖，减少生鲜食品的衰老和水分蒸发，具有保持食品的新鲜度及品质的作用。目前经试验证明，具有良好保鲜效果的海藻多糖有海藻酸钠、石莼多糖、海带多糖、蜈蚣藻多糖、紫菜多糖、马尾藻多糖等，其中，海藻酸钠是目前研究最多的海藻多糖涂膜保鲜剂。

（3）营养强化剂。从海藻中提取的营养强化剂主要是海藻膳食纤维和海藻酸盐类，添加了海藻膳食纤维的食品，能够发挥出降血脂、降血糖的功效。这类添加海藻活性成分的新型食品，不仅保留了原食品的营养成分，同时赋予了食品提高免疫力、抗癌、抗病毒等功能。

292. 海藻多糖的应用领域有哪些？

（1）食品方面。海藻多糖因其良好的溶解性、增稠作用、凝胶性、乳化稳定性、安全稳定性等，被广泛地应用于饮料、肉制品、糖果等食品加工中，不仅能够增加食品的功能性，提高营养价值，对于改善食品品质也有促进作用。同时，海藻多糖可以制成可食性食品薄膜，用于食品包装。另外，海藻多糖在食品的涂膜保鲜方面也有广泛的应用。

（2）保健医药方面。海藻多糖具有广泛的药理作用，多样的生物活性，如抗病毒、抗凝血、抗肿瘤、抗氧化等，在保健品行业有广泛的发展前景。在日本，岩藻多糖保健品相对成熟。在中国，市面上有一种名为舒通诺的海藻多糖口服液，是新一代逆转血管病变的纯天然海洋生物制品。同时也有一些生物公司出售海藻多糖原料或海藻多糖胶囊用于食品、保健品行业，但纯度不一，质量参差不齐。

（3）化妆品方面。海藻多糖有清除自由基的功效，可作为抗氧化、抗衰老成分加入化妆品中。有研究证明，浒苔多糖提取物对于 ABTS 自由基、DPPH 自由基和羟基自由基等具有较好的清除能力。浒苔多糖的硫酸化修饰能提高其抗氧化性。同时海藻多糖可以防辐射，可作为化妆品中的防晒成分，也可以起到抗衰老的作用。

293. 新型食用海藻多糖提取技术?

(1) 酶辅助提取(EAE)。细胞结构的破坏是提取藻类各有效成分的前提,酶处理技术可破坏其细胞壁,释放功效成分并去除杂质。此外,酶处理技术因其工艺条件相对温和并可减少化学品的使用而具有环境友好性。EAE过程还可应用多种酶的组合以发挥增效作用,通常为碳水化合物活性酶及蛋白酶。

(2) 微波辅助提取(MAE)。MAE现已被用于从海藻中提取包括多糖在内的多种活性物质。微波处理使得介电材料的温度升高,在细胞内液蒸发过程中产生的压力引起细胞壁结构的破坏,使溶剂渗透到基质中,从而促进细胞内化合物的释放。与传统溶剂提取技术相比,MAE具有提取效率高、溶剂用量少、产率高等优点,然而,其对多糖的结构性质及生物活性的影响仍需进一步明确。

(3) 超声辅助提取(UAE)。超声波是指20 kHz以上的高频声波,它们可以通过震动和压缩来穿过固体、气体和液体介质。超声处理可以提高生物基质中生物活性化合物的提取效率和产率。UAE还可在较低的温度下进行,有利于热敏性物质的提取。此外,UAE与常规提取方法相结合,被认为是一种藻类生物活性物质提取的潜在技术。有研究报道,通过对海带褐藻多糖硫酸酯的超声辅助提取工艺进行优化,可实现多糖提取率达5.58%,粗多糖中岩藻糖含量20.93%,硫酸酯基含量26.87%,均高于热水法提取,且色素含量更少。

294. 海藻多糖如何分离纯化?

在提取海藻多糖的过程中,常有蛋白质、色素等杂质混杂在多糖中,降低了多糖的纯度。因此,要先除去蛋白质、色素以及一些小分子物质,再进一步的纯化,对多糖组分进行分级,以提高多糖纯度。

(1) 除杂。海藻粗多糖中常混有蛋白质、色素及一些小分子物质,为得到纯多糖,需要除去这些物质。除去蛋白质常用的方法有sevag法、三氟三氯乙烷法、三氯乙酸法、酶法等。除去色素的方法主要为活性炭吸附法、离子交换法和氧化脱色法等。对于无机盐、单糖和寡糖等小分子物质,可以采用透析法、超滤法等,其中,透析法操作简便,应用更为广泛。

(2) 进一步纯化。提取、除杂后所得粗多糖通常是混合多糖,若要获得均一性较高的多糖,还需对多糖进行分离纯化。多糖分离纯化的方法有很多,如分步沉淀法、柱层析法、超滤法等,仅用一种方法很难得到均一组分,需综合利用几种纯化方法才能达到纯化的效果。

295. 藻类过度繁殖有什么危害?

藻类过度繁殖会造成水体富营养化，这种情况在河流湖泊中被称为水华，在海洋出现称为赤潮。富营养化主要影响水合植物的光合作用，造成水中溶解氧的过饱和状态，进而造成鱼类大量死亡。

296. 什么是“生命之糖”?

海藻糖又称漏芦糖、蕈糖等，是一种可以通过生物发酵技术从玉米淀粉中获得的稳定非还原性双糖，极易溶于水，广泛存在于各类生物体内，无法人工合成。海藻糖是由两个葡萄糖分子以 1，1-糖苷键构成的非还原性糖，有 3 种异构体即海藻糖（α，α)、异海藻糖（β，β）和新海藻糖（α，β)。海藻糖的性质非常稳定，具有优异的保湿持水功能和细胞保护功能，在干燥条件下的表现尤为突出，在动植物的耐寒、耐旱、抗冻方面有重要作用。如卷柏，由于含有丰富的海藻糖，因此很容易在干燥失水中恢复生命力。此外，海藻糖还具有防止蛋白质在极端条件下变性、抗辐射、降低药物刺激性等特性。2000 年，《自然》杂志曾发表评论，认为“对许多生物而言，海藻糖的有无意味着生死”。海藻糖——“生命之糖”的名字由此而来。

297. 海藻抗肿瘤肽研究中的局限?

（1）大型海藻抗肿瘤活性肽并未得到全面的研究，需进一步加深大型海藻肽抗肿瘤功能的研究，改善大型海藻肽的制备工艺，例如制备金属螯合肽等。此外，还需确定海藻活性肽的氨基酸序列及分子结构，提高其抗肿瘤活性。

（2）海藻抗肿瘤活性肽虽有进行活性作用机制的研究，但绝大多数局限于细胞水平，通常只是在体外显示了对肿瘤细胞生长具有抑制作用，对于体内模型的抗肿瘤活性并未有足够的实验证明，缺乏安全性、毒理学评估、生物利用率等的研究。

（3）关于对海藻抗肿瘤活性肽的分子机制了解也十分有限，大多数研究仅集中在细胞凋亡和坏死的机制上，还需要综合许多其他方面的研究（例如进行膜受体、介导免疫和抗血管生成活性等）才能完全阐明其作用方式与途径。

（4）大多数海藻抗肿瘤活性肽的研究中并未涉及肽的保存问题，这对于化学性质不太稳定的活性肽十分不利。可利用当前活性肽保存工艺和运载工艺技术的发展，包括壳聚糖纳米粒子的包裹和多囊脂质体靶向运载等方法，提高海藻抗肿瘤活性肽的稳定性。未来还需提高海藻肽对肿瘤细胞的靶向治疗能力，以提高其在抗肿瘤药品和食品工业中的应用。

298. 海藻的生长与分布有着哪些影响因素?

藻类分布的范围极广，对环境条件要求不高，适应性较强，在极低的营养浓度、极微弱的光照强度和相当低的温度下也能生活。不仅能生长在江河、溪流、湖泊和海洋，而且也能生长在短暂积水或潮湿的地方。从热带到两极，从积雪的高山到温热的泉水，从潮湿的地面到不很深的土壤内，几乎到处都有藻类分布。

光照是决定藻类垂直分布的决定性因素。水体对光线的吸收能力很强，湖泊 10 m 深处的光强仅为水表面的 10%；海洋 100 m 深处的光强仅为水表面的 1%。同时由于水的作用，会造成各水层形成光谱差异。因此，对光照强度和光谱要求的不同，藻类的生长范围也有所不同。绿藻一般生活于水表层，而红藻、褐藻则能利用绿、黄、橙等短波光线，可在深水中生活。

水体的化学性质也是藻类分布差异的重要影响因素。如蓝藻、褐藻容易在富营养水体中大量出现，并时常形成水华；硅藻和金藻常大量存在于山区贫营养的湖泊中；绿球藻类和隐藻类则会在小型池塘中常大量出现。

此外，生活在同一水域的各藻类间的相互作用对它们的生存和繁殖也有着重要作用。

第五章　蟹　类

299. 蟹有何营养价值?

中华民族是较早懂得吃蟹的民族，据记载早在两千多年前蟹已经作为食物出现在人们的餐桌上了，作为食物，螃蟹有很高的营养价值。螃蟹营养丰富，具有高蛋白、低脂肪的特点，是优质蛋白质的来源，另外，螃蟹含有丰富的维生素（维生素A、B族维生素、维生素C等）和矿物质（钙、镁、磷、铜、铁、锌）。现在我国常见的蟹类主要有大闸蟹（河蟹、毛蟹、青蟹）、梭子蟹等，并且我国蟹类资源十分丰富，其中以长江下游地区出产的阳澄湖大闸蟹、太湖大闸蟹、梁子湖大闸蟹、高邮湖大闸蟹、江湖大闸蟹等为上品。蟹类作为美味佳肴，自古以来备受人们的青睐。

300. 如何爆炒螃蟹?

爆炒螃蟹是一道相对家常的菜肴，个头相对较小的螃蟹可以用爆炒的方式进行烹调，爆炒对于火候的要求较高，大火爆炒可以赋予螃蟹独特的香味。可参考如下做法：将螃蟹洗净去壳后切成块，爆炒前可以加入葱白、蒜片和适量耗油腌制20 min左右。其间，根据个人口味准备配料，推荐葱段、姜片，蒜瓣、辣椒等配料，热锅倒油烧热后放入辣椒、花椒煸出香味，再加入葱姜爆香，出味后加入腌制好的螃蟹块，翻炒2 min左右倒入黄酒（料酒也可以），添加适量开水，调味后盖盖烧约5 min，打开锅盖翻炒一下收干汤汁后便可出锅。

301. 如何烹调清蒸蟹？

清蒸是保持螃蟹原汁原味的经典做法，通常在食用的时候，取适量醋、酱油、姜丝、白糖拌匀做一个蘸料搭配食用。清蒸螃蟹的做法非常简单，先将螃蟹洗干净后放入清水约半天，这样可以让螃蟹排净腹中污物。在蒸制时加入生姜和醋，可以去腥驱寒。值得注意的是，在蒸螃蟹的过程中不能断火、开盖等，要一次性把螃蟹蒸熟，不然的话会影响螃蟹的口感与风味。

302. 如何选购螃蟹？

选购螃蟹，首先，要注意螃蟹是否鲜活健康，螃蟹的营养价值高，但是食用不新鲜的螃蟹会对人体健康造成威胁，容易食物中毒。其次，是选择肥大的螃蟹，这样口感更好，食用体验更佳。判断螃蟹是否鲜活肥美的办法有很多，以下的方法可以作为参考。①通过看螃蟹的背部，新鲜的蟹背部呈青色，鲜艳有光泽，并且比较坚硬。②四处乱爬或者能够快速翻身的蟹是比较健壮的。③新鲜螃蟹眼睛对外界刺激较为敏感，可以触摸其眼睛，观察螃蟹的反应情况，反应激烈表明螃蟹鲜活。④掂量螃蟹的重量，一般认为个头大小相近的螃蟹，分量重则表明其较为肥大。⑤可以观察螃蟹蟹盖边缘的透光程度，如果透光性强，表明螃蟹里面较空，反之说明螃蟹肥美。

303. 如何烹调螃蟹？

螃蟹的烹调方法有很多，不同的烹调方法带给人的食用感受是不同的。常见的烹调螃蟹的方法有水煮、清蒸、爆炒、蟹粥等。由于各个地方饮食习惯的不同，在烹调螃蟹的做法上也会结合当地特色，形成具有地域特色的螃蟹菜肴。要想保留螃蟹的原汁原味，最为推荐的还是清蒸，不但可以保证螃蟹的完整性，也能消灭有害微生物、寄生虫等，大大提高了食用的安全性。

304. 如何做蟹粥?

蟹粥属于南方美食，香甜可口，不但营养丰富，而且利于消化吸收，养胃补脾。烹制蟹粥，选取海蟹更为合适，做出的蟹粥口感更加鲜美。可参考如下做法：用来熬粥的米先用水泡 30 min 左右，其间可以处理螃蟹，将螃蟹洗净后，解开蟹盖除去鳃和内脏，蟹钳敲裂。将米淘洗后放入砂锅中，水与米的比例可根据个人喜欢稠粥还是稀粥来决定，大火煮开后转至中火煮熟，煮粥时要不断搅拌，防止粘锅煮糊。在煮熟的粥中加入处理好的海蟹块，用勺子推匀。放入姜丝，小火再煮 10～15 min。出锅前调味，可根据口味加入自己喜欢的辅料（香菜、花生粒、油条碎等），撒上葱花即可。

305. 螃蟹不宜与哪些食物同食?

由于自身特性，螃蟹与一些食物同食，会引起身体不适，因此食用螃蟹时不要与以下食物同食。①甜瓜。螃蟹含蛋白质、而甜瓜含鞣酸，两者结合，会凝固成不易消化的物质，引起呕吐或腹泻。②柿子。螃蟹与柿子均属寒凉性质，同食会引起腹泻等不良症状。③桑葚。桑葚中富含鞣酸，会使螃蟹中的钙质沉淀，影响营养的吸收和利用。④茄子。螃蟹肉性味咸寒，茄子甘凉滑利，两者药性同为寒性，同食有损肠胃，常食会导致腹泻。⑤花生。花生与螃蟹同食，极易导致腹泻，故肠胃虚弱的人尤其要忌食。⑥红薯。螃蟹与红薯同食容易在体内凝成结石，主要表现为呕吐、腹痛、腹泻等症状。⑦茶叶。茶叶中的单宁酸与螃蟹中的蛋白质易凝结，而使肠道蠕动变慢，甚至造成便秘。⑧火腿。火腿中所含的维生素 B_1，会被螃蟹中的维生素 B_1 分解酶破坏，二者同食，易导致营养流失。⑨泥鳅。泥鳅药性温补，而螃蟹药性冷利，功能正好相反，同食还会产生不宜消化的物质。⑩石榴。富含鞣酸的石榴与富含蛋白质的螃蟹同食，会产生不易消化的物质，刺激胃肠，出现腹痛等症状。⑪啤酒。螃蟹和啤酒同属于寒性食物，若搭配着吃，寒上加寒，容易感到肠胃不适，引发腹泻。⑫咖喱粉。咖喱中的姜黄，性热且燥，易引起上火，多食伤胃，而螃蟹性凉，多食也对胃不利，且易引起皮肤过敏。

306. 如何保鲜螃蟹?

螃蟹要吃新鲜的，不能吃死的，但是一次性买多了吃不了应该如何保鲜呢？一是可以放在冰箱冷藏室内用湿毛巾盖上能起到保鲜作用多放几天，用手触摸螃蟹的眼睛，没反应的就是死螃蟹。或者可以将其放在合适的容器中但是水的高度不要没过螃蟹身体，否则螃蟹会缺氧而死，容器的壁面最好是光滑的，这样螃蟹不能爬出来。

307. 帝王蟹有何营养?

帝王蟹属于深海蟹类，体型远大于一般的蟹类，蛋白质含量很高，约占蟹肉质量的20%，具有高蛋白低脂肪低糖的特性，并且其脂肪主要是不饱和脂肪酸，对人体健康很有益处。另外，帝王蟹还含有各种钠、镁、磷、钙等常量元素以及铁、锌、铜等微量元素，其中钙和磷含量相对较高，食用后可以起到很好的补钙、补磷的作用。

308. 如何判断螃蟹公母?

螃蟹的公母可以满足不同食用需求，喜欢吃蟹膏则需选择母蟹，而喜欢鲜甜的蟹肉就需选择公蟹。判别螃蟹公母的方法也很简单，通过看腹部形状便可以区分，公蟹的腹部是三角形而母蟹的是半圆形的。另外也可以看螃蟹的腿，8条腿上都有绒毛的是公螃蟹，而只有前两条腿有绒毛的是母螃蟹。

309. 螃蟹有哪些食疗作用?

螃蟹具有很高的营养价值，对身体有很好的滋补作用，有一定的食疗作用。中医认为蟹味咸，性寒，无毒，具有清热、散血、滋阴功效。《神农本草经》谓其“主胸中邪气热结痛，㖞僻面肿”。《名医别录》谓其“解结散血，愈漆疮，养筋益气”。

310. 哪些人不能吃螃蟹?

生活中以及在文学作品中，常常用第一个吃螃蟹的人来形容一个人的勇敢，但美味的螃蟹并不是适合每个人吃的。虽然螃蟹的营养价值很高，但美味的蟹肉是高致敏性食物，对于过敏体质人群，蟹肉会诱发皮疹、哮喘等过敏反应，严重者还会导致过敏性休克；由于螃蟹的胆固醇和嘌呤含量较高，消化道疾病的患者、肝肾疾病患者、痛风患者、心血管疾病患者以及咳嗽感冒发烧者食用后会引起不同情况与程度的身体不适。孕妇也不适宜食用螃蟹，螃蟹性质寒凉，有活血化瘀的功效，孕妇食用螃蟹容易引起出血或流产。因此，在享受螃蟹的美味前，需确认是否对蟹肉过敏以及理性正视自身身体状况，若身体状况不允许，切记不要为了满足食欲而使用，以免造成严重后果。除了上述提及的常见不能吃螃蟹的人，还要结合实际情况具体分析，不确定时，最好向医生做进一步咨询。

311. 如何清洗螃蟹?

螃蟹鲜美可口，但清洗不当会导致烹饪后的螃蟹食用时会有泥沙感，所以烹饪前的清洗尤为重要。根据不同的烹饪需求，可以选择不同的清洗方式，具体可参考如下步骤：①在大小合适的容器中加入清水和适量白酒，放入螃蟹，浸泡 10 min 左右。白酒一方面可以去除腥味并刺激螃蟹排出体内的脏物，另一方面可将螃蟹醉晕便于后续操作。②抓住螃蟹两边，腹部朝上，可用牙刷清洗腹部和蟹腿。③刷完大腿，再用牙刷刷蟹盖两侧及两只蟹钳，蟹钳上多毛，容易藏污纳垢，需多刷几次。④抓住螃蟹的一对蟹钳打开腹盖，在中间从里向外挤出排泄物，清洗腹盖和蟹钳。⑤在蟹脐没有贴合蟹肚的时候，用牙刷迅速刷一下蟹肚与蟹脐缝隙处的泥沙。⑥将洗完的螃蟹，加满清水浸泡约 10 min 再用流水冲洗，倒掉洗螃蟹时带入的脏水。

312. 如何食用螃蟹?

如何食用螃蟹往往因人而异。大家围成一桌吃蟹，有的人吃得津津有味，犹如在雕刻一件艺术品；有的人吃得囫囵吞枣，感觉食之无肉，弃之可惜。蟹吃起来确实麻烦，但要享受蟹的美味，需要细细品味，吃蟹的步骤也很讲究，必要时可配一套专用工具：剪刀、夹、刺、榔头等。①将两只蟹钳拽下，去掉蟹脐，打开蟹盖。②先吃蟹盖部分，用蟹钳把中间的蟹胃挑出丢掉，用蟹钳把蟹黄掏出食用。③接下来是螃蟹的身子，先去掉蟹鳃，从中间分为两块，一块一块地解决，去掉硬壳食用蟹肉。④最后吃剩下的蟹钳和蟹腿。

313. 如何腌制醉蟹?

淡水蟹（大闸蟹、大沽河毛蟹等）除了清蒸之外，也可进行腌制，最常见的就是制作醉蟹。可参考如下做法：首先需要将螃蟹洗净，清水浸渍 1～2 h（换 2～3 次水）。根据个人喜好调制腌汁（米酒、白酒、花椒、八角、炒盐等），腌汁用量根据要腌制的河蟹的质量决定。将螃蟹放入腌汁前，可先在专有螃蟹的容器中加入高度白酒浸泡 30 min，再将螃蟹逐只放入调好的腌汁中封密浸泡一周左右时间即可启封食用。

314. 如何烹调清蒸红毛蟹?

红毛蟹营养价值高，为避免营养物质流失，红毛蟹的烹制方法首选清蒸，做法也较为简单，和梭子蟹的清蒸方法差不多。可参考如下方法：将红毛蟹仔细清洗干净后备用，蒸锅中加入适量水、再加入葱、姜并开大火烧水，水开后将洗净的红毛蟹倒放盘中，在蟹身淋少许料酒去除腥味，上锅大火蒸 20 min，关火后不要着急打开锅盖，利用蒸汽的余温再虚蒸 5 min。因为红毛蟹的蟹膏较多，且营养价值高，倒置是为了防止红毛蟹中的蟹膏损失。

315. 螃蟹与哪些食物搭配同食好？

①冬瓜。冬瓜不含脂肪，含钠量低，与蟹肉同食，具有减肥健美的功效，适用于心脏病、糖尿病和肥胖症患者。②豆腐。螃蟹中牛磺酸搭配富含异黄酮的豆腐，可以帮助恢复体力，防止衰老。③黄酒。黄酒中丰富的氨基酸有提味的作用，还可以减轻或消除吃螃蟹后的不适感觉。④芦笋。螃蟹中富含钙，而芦笋中的维生素 K 有助于钙附着于骨骼上，二者同食，有强化骨骼的功效。⑤洋葱。二者搭配食用，可滋阴清热、活血化瘀，适用于阴虚体质又易生疮的患者，老年骨质疏松者也可常食。⑥姜。吃大寒的螃蟹时，一定要配上温热性质的生姜，用生姜中和蟹的寒凉，减少对肠胃的损害，还利于蟹肉的消化、吸收。在食用螃蟹时，一定要考虑螃蟹本身的特性，可为选择与其搭配的食物提供参考价值。

316. 帝王蟹为什么大受消费者欢迎？

帝王蟹有“蟹中之王”的美称，与一般的蟹相比，其生长于寒冷的深海水域，绿色无污染，硕大肥美，深受人们的喜爱和推崇。人们对帝王蟹的喜爱，首先，来自帝王蟹本身极高的营养价值。其次，帝王蟹对生长环境的要求非常高，本身也不是随处可见的，物以稀为贵。最后，帝王蟹的口感也不同于普通的蟹，饱满鲜嫩的肉质让人回味无穷，所以帝王蟹能够受到消费者的欢迎。

317. 梭子蟹有何营养？

梭子蟹，因头胸甲呈梭子形，故名梭子。梭子蟹肉质细嫩鲜美、营养丰富，是一种高蛋白、低脂肪的水产品，还含有钙、磷、钾、钠和镁等丰富的矿物质。梭子蟹的蟹黄也具有较高的营养价值，是补充各种矿物质和脂溶性维生素的良好来源。另外，梭子蟹中富含的活性肽和多种人体必需氨基酸使其具有浓郁的海鲜风味、功能特性及抗氧化活性，具有较高的药用保健价值。

318. 如何烹调江苏版“水煮梭子蟹”?

江苏产的梭子蟹肉质白嫩，鲜美可口，深受广大消费者的喜爱。江苏人能养好蟹，也就更懂得如何吃蟹，除了清蒸，江苏人也经常将梭子蟹水煮。水煮的梭子蟹口感和清蒸的口感较为相似，但是整体的风味相较于清蒸淡一些。下面的方法可以作为参考：将梭子蟹洗净备用，一定要有足够的时间让螃蟹将肚子中的污物吐出。选择一个大小合适的锅放入洗好的梭子蟹，加入姜片、葱段、料酒等去腥。然后大火煮开，转中小火再煮 5 min 即可出锅。需要蘸料的话可以搭配姜、米醋和酱油。值得注意的是，水煮梭子蟹，剩下的汤水中含有许多的水溶性营养物质且味道鲜美，最好不要直接倒掉，可以用来煮面或者烹饪其他的汤羹。

319. 如何烹调清蒸梭子蟹?

梭子蟹味道鲜甜，用清蒸的方式烹制更是原汁原味。对于清蒸梭子蟹根据不同的地域以及人们的饮食习惯，有不同的清蒸方式。在一些沿海地方为保留梭子蟹的原汁原味，清蒸的方法非常简单，通常将蟹洗干净后直接会隔水清蒸，不用放葱姜蒜，也不准备蘸料，十几分钟蒸熟后直接吃。但对于一些不常吃海鲜的人，可能不能适应直接清蒸的腥味，那可以参考一般的清蒸方式。先将梭子蟹洗干净备用，防止污物影响口感。然后在蒸锅里加入适量清水，加料酒、姜片、葱，大火煮开，放入已经洗干净的梭子蟹隔水蒸 12～15 min 即可。如果需要蘸料的话，可以用适量姜末、生抽、糖和胡椒粉调成蘸汁。

320. 如何烹调台州“倒笃蟹”?

“倒笃蟹”也称倒立梭子蟹，是源于台州的一种经典的烹调梭子蟹的方法，吃起来酒香浓醇、蟹鲜味美，酒香和蟹香充分融合，让人回味无穷。“倒笃蟹”其实和清蒸梭子蟹比较相似，但是不同于清蒸的烹调方式，有两个关键的操作，一是将蟹一分为二并倒立放置，二是在蒸的时候不加水直接加黄酒（推荐选用花雕酒）蒸熟。推荐一个比较家常的做法：把清洗干净的梭子蟹用刀对半切开，切面向下放入盘中，如果担心蒸制过程蟹肉会漏出来，可以把切面处加少许油煎一下。蒸锅中倒入适量黄酒，姜片，撒少许盐，将装有梭子蟹的盘子放入蒸锅，盖上锅盖大火蒸 10 min，关火后再稍稍焖一会儿，这样可以让酒香充分渗透到螃蟹当中。

321. 红毛蟹有何营养?

红毛蟹形体美观大方，颜色呈大红，四肢不发达但游动迅速，尤其两前脚，坚挺有力。红毛蟹个头较大，肉质细腻肥厚，蟹黄丰满，蟹壳薄，味道鲜美。红毛蟹含有丰富的蛋白质、不饱和脂肪酸、维生素和矿物质，适量食用红毛蟹，有益于人的身体健康。

322. 如何烹调上海经典做法面拖梭子蟹?

吃蟹时节，上海人的餐桌上少不了面拖梭子蟹，这是一道在上海非常家常的菜。“面拖”简单来说就是“炸”的一种，在螃蟹外面均匀地裹上一层面糊炸制而成，裹在蟹上的面糊口感独特还带有蟹的鲜美，滋味丰富。可参考以下做法：蟹洗净斩块，裹上面粉后炸制金黄，蟹钳蟹脚变红后盛出，再调一些面糊备用。再起油锅，放入姜丝和葱段爆香后，放入蟹块翻炒，加料酒、适量清水、生抽和少许盐，转小火焖煮至断生，然后倒入调好的面糊，转大火不停地翻炒蟹块都裹上面糊即可，装盘时，撒上葱花。

323. 如何挑选梭子蟹?

梭子蟹蟹肉肥美、营养丰富，是人们餐桌上的常客，而如何选择品质优良的梭子蟹也是有讲究的，蟹不是越大越好吃，关键是要壮、要肥，这样食用时蟹肉多，口感更好。以下挑选方法可以作为参考：①根据个人需求区别公母，公的腹部是三角形而母的是半圆形的，这是最简单的辨别方法。喜欢吃膏就选母的，喜欢鲜甜蟹肉就选公的。②选择个头较大的，看着饱满肥壮的蟹，如果两个相同大小的，用手掂一下重量。③选择活泼，有生命力，能够快速翻身的蟹。④选择蟹壳呈青灰色，纹理清晰有光泽，腹部壳为白色的。⑤选购时可用大拇指去挤压，硬的说明肉质肥厚。⑥选择蟹足完整的，并且和躯体连接紧密，提起蟹体时蟹足坚硬，不松弛下垂。⑦选择时有腥味是正常的，但是不能有臭味。

324. 如何烹调梭子蟹炒年糕?

梭子蟹炒年糕也是宁波人推荐的做法，鲜香的梭子蟹遇上软糯的年糕，形成别样口感。梭子蟹炒年糕的做法和红烧梭子蟹差不多，主要是多了煮年糕和炒年糕的步骤。参考红烧梭子蟹的步骤，在炒蟹之前先将年糕用水煮好，过冷水，备用。在调味之前加入已经煮好的年糕，再调味，焖煮一会儿，加细香葱段撒匀即可出锅。

325. 如何鉴别蟹肉与人造蟹肉?

蟹肉是一种较贵重的食品，且货源不足。虽然人造蟹肉的色、香、味、形以及营养价值均与真正蟹肉相近，但成本却大大低于真正的蟹肉。不法商贩利用价格低廉的鳕鱼肉加工成人造蟹肉，假冒真蟹肉，高价售卖，造成消费者的经济损失，也形成不良风气。

鉴定时，将样品涂抹在载玻片上，上面再盖一个相同的载玻片，两端扎紧。将载玻片置于尼科拉斯发光器发出的光束照射下，观察样品。鳕鱼肉在聚焦光束照射下，能显示出明显的有色条纹，而蟹肉则不产生此现象，因此可以通过此现象鉴别蟹肉和鳕鱼肉制成的人造蟹肉。

326. 螃蟹哪里不能吃?

螃蟹美味，但并非所有部位都可食用，为保证食用安全性，食用时注意以下部位不可食用：（1）蟹肠：里面有蟹的排泄物。（2）蟹鳃：在螃蟹壳内，形状像牙，柔软，是蟹的呼吸器官，用来过滤脏东西，不能食用。另外，鳃下的三角形蟹白也不可食用。（3）蟹胃：躲在蟹黄里的三角包儿，也有蟹的排泄物。隐藏在蟹盖上的蟹黄堆里，把蟹黄吃掉以后舍弃。（4）蟹心：也叫蟹六角板，呈六角形，藏在蟹腹中间黄膏最厚的地方，是最寒的，不可食用。掀开蟹壳，可以看到一层黑色的膜衣，白色片装的蟹心就在黄膏与黑色膜衣之间。

327. 如何烹调红烧梭子蟹?

一方水土养一方人，对于烹调梭子蟹，江浙人最有发言权，梭子蟹在江浙一带的做法其实在各地都得到了传承，多以家常为主，尤其是宁波的做法，几乎已经成为人们餐桌的最常见菜品，红烧梭子蟹是宁波人比较推荐的吃法。需要准备葱姜蒜和红绿辣椒备用。将梭子蟹洗净后沥干，一只切成四大块，加少许盐和料酒腌制一下，切面粘上淀粉锁住水分。炒锅烧热起油锅，把梭子蟹横切面朝下入锅煎，煎至蟹脚略微变红后下姜、蒜、辣椒煸出香味，再放入辣椒，加入生抽、老抽、胡椒等调味品调味，翻炒，水分快收干时放点料酒和白醋加盖略焖一下，出锅装盆洒上葱花即可。

第六章 海 参

328. 海参有何营养价值?

海参的胶原蛋白含量极高，含有18种氨基酸及牛磺酸、多肽、硫酸软骨素、海参皂苷、海参黏多糖等多种对人体有益的营养及活性成分，还含有钙、铁、磷、锌、碘、硒、钒、锰等矿物质以及维生素 B_1、维生素 B_2、烟酸等多种维生素。干海参每100 g中，含水分5 g，蛋白质76.5 g，脂肪1.1 g，糖13.2 g，热量1 543.9 kJ，灰分4.2 g。海参蕴含的许多珍贵营养成分，可以大大提高身体免疫力，均衡营养，达到防病抗病的作用。海参自古以来就被列为“海味八珍”之一，是宴席上的佳肴，更是良好的滋补品。古人早就懂得海参具有滋阴、补血、健阳、调经、养胎、利产等功效，我国传统医书中有记载：“海参，性温味甘咸，入心肾经、生百脉血、壮阳疗痿、滋阴利水、通肠润燥、补益元气，健肾生精。”因其具有健肾生精功效，被古人列为补血食品，因古人认为精血同源。现代医学认为，海参还是治疗高血压和冠心病的良药。

329. 哪些人不宜吃海参?

年龄太小的儿童最好少吃海参，痰多、脾虚者也不宜食用海参，会因消化不良加重消化器官的负担。另外，关节炎及痛风患者不宜多食海参，因为海参蛋白质含量极高，在代谢过程中可产生较多的尿酸，这些尿酸得不到及时的排泄，被人体吸收后可在关节中形成尿酸盐结晶，加重患者的病情。

330. 吃海参为什么不宜加醋?

海参中的主要营养成分胶原蛋白在酸性环境下会出现不同程度的凝集和紧缩，致使空间结构发生变化。不但吃起来口感和味道均有所下降，营养价值也会降低很多。

331. 中老年人吃海参会延年益寿吗?

海参中的多种营养物质，如精氨酸等，具有促进人体细胞再生和机体损伤修复的能力，具有延年益寿、消除疲劳等功能。因此，中老年人经常食用海参会焕发青春，倍感年轻。

332. 吃海参有助于儿童增智、生长吗?

海参含有多种儿童生长发育所必需的营养物质和矿物质，如蛋氨酸、赖氨酸、牛磺酸、钙、铁、锌及多种维生素等，能增进食欲，促进生长发育。海参中还含有丰富的DHA、EPA等多不饱和脂肪酸，有助于儿童大脑及智力发育。

333. 吃海参能为脑力劳动者大脑加“油”吗?

海参含有丰富的牛磺酸成分，而牛磺酸又是人体重要的神经递质和神经调节物质，有助于消除大脑疲劳，增强记忆力。因此，长期从事脑力劳动的人群常吃海参不仅能给大脑提供丰富而均衡的养分，快速消除大脑疲劳，还有助于增强记忆力，更好地为大脑加“油”。

334. 吃海参有利于孕产妇安康吗?

海参被古人列为补血食品，含有胱氨酸、脯氨酸、亮氨酸以及微量元素钒、铁等多种生血成分，能有效改善和预防各种贫血。胶原蛋白、牛磺酸、烟酸及多种微量元素等，更便于孕妇的吸收，有利于伤口愈合，对产后快速恢复体力等都有明显效果。

335. 吃海参有助于术后及放、化疗患者快速恢复吗?

海参含有优质蛋白质，能明显提高术后及放、化疗患者的免疫力。海参中含有的丰富精氨酸是合成人体胶原蛋白的重要原料，对机体损伤后的快速修复有显著疗效。另外海参中含有的天门冬氨酸、微量元素铜等，对放、化疗及化学性损伤的修复也具有很大帮助。因此，术后及放、化疗患者或其他失血过多者，食用海参可有助止血、补血，恢复元气。

336. 糖尿病、高血压、冠心病和脑血栓患者适宜进行海参食疗吗?

海参含有海参皂苷、酸性黏多糖和多种人体必需的微量元素，具有激活B胰岛细胞活性，从而达到抑制高血糖的作用，是糖尿病患者进行膳食疗法的理想营养食品。另外海参含有几十种均衡的营养成分，其氨基酸组成接近理想模式，糖尿病患者服用后可有效补充维生素和人体必须微量元素，调节患者糖、蛋白质、脂肪、水等的代谢紊乱，可有效预防各种糖尿病并发症的发生。海参中含有的多种有效活性成分，如酸性多糖、海参素、海参皂苷等，经药理实验证实具有活血化瘀功能，可明显抑制血小板凝结和静脉栓塞的形成并提高细胞生存率，能降低血清胆固醇和甘油三酯水平、降低血黏度及血浆黏度，对高血压、脑血栓、冠心病患者有明显的改善作用；同时经常食用海参能提高患者的免疫力，能有效减少和改善心脑血管疾病，有效控制“三高”。

337. 如何选购质量好的海参?

(1) 活海参。体呈圆筒状，背面隆起，上有4～6行大小不一、排列无规则的圆锥形疣足（肉刺）。腹面较为平坦，管足密集，排列成不很规则的3纵带。体色呈栗褐、褐、灰绿等颜色。

(2) 盐渍海参。色泽呈黑色或褐灰色；肉质组织紧密，富有弹性；体形完整，肉质肥满，刺挺直，切口较整齐；水分≤65%，盐分≤23%。盐渍海参和即食海参应选择体大、肉厚、无泥沙的为好。如发现海参过分发胀，肉质失去韧性，手指稍用力一捏就开裂破碎，并能闻出明显碱味，一定不要购买。

(3) 淡干海参。体形肥满，结实而有光泽，色泽多呈黑灰色或灰色，大小基本一致，肉质厚实，刺挺直而无残缺，嘴部石灰质露出较少，切口整齐，腹部的参脚密集清晰；体表无盐霜，无杂质，体内基本无盐结晶；盐分≤12%，水分≤15%。

活海参（左）与淡干辽参（右）

338. 野生海参和养殖海参的营养价值谁高？

野生海参和养殖海参所含有的营养成分是一样的，只是具体含量有所不同。主要是因为目前养殖海参的饲料只有一些作为辅食的人工配料，大多数都还是以天然或是人工养殖的海藻作为饲料。

339. 干海参的质量检验标准是什么？

目前与干海参质量检验相关的标准较多，有国家标准、行业标准、地方标准和团体标准。其中，《食品安全国家标准　干海参》（GB 31602—2015）规定了干海参的感官要求、理化指标、污染物限量、兽药残留限量等，并列出了相关检验方法；《干海参等级规格》（GB/T 34747—2017）对干海参质量等级进行了详细划分；《干海参加工技术规范》（SC/T 3050—2017）对干海参加工生产过程做出了规定；除此之外的现行相关标准还有：《干海参》（SC/T 3206—2009）、《速食干海参》（SC/T 3307—2021）、《重要产品追溯操作规程　干海参》（DB 37/T 4352—2021）、《干海参质量控制规范》（T/SDFIA 34—2022）等。

340. 市售海参等级是如何划分的?

目前国内海参质量等级划分的依据是现行国家标准《干海参等级规格》(GB/T 34747—2017)。依据该标准，干海参被分为特级、一级、二级和三级共四个质量等级。特级干海参：体形肥满，刺参棘挺直、整齐、无残缺，个体坚硬，切口整齐，表面无损伤，嘴部无石灰质露出；复水后体型肥满，肉质厚实，弹性及韧性好，刺参棘挺直无残缺；蛋白质含量≥60%，盐分含量≤12%，复水后干重率≥65%，含砂量≤2%。一级干海参：体形饱满，刺参棘挺直、较整齐、基本完整，个体坚硬，切口较整齐，嘴部基本无石灰质露出；复水后体形饱满，肉质厚实有弹性，刺参棘挺直、较整齐；蛋白质含量≥55%，盐分含量≤20%，复水后干重率≥60%，含砂量≤2%。二级干海参：体形饱满，刺参棘挺直、较整齐、基本完整，个体坚硬，切口较整齐，嘴部基本无石灰质露出；复水后体形饱满，肉质厚实有弹性，刺参棘挺直、较整齐；蛋白质含量≥50%，盐分含量≤30%，复水后干重率≥50%，含砂量≤3%。三级干海参：体形较饱满，刺参棘挺直、基本完整，嘴部有少量石灰质露出；复水后体形较饱满，肉质较厚实，有弹性，刺参棘挺直、基本完整；蛋白质含量≥40%，盐分含量≤40%，复水后干重率≥40%，含砂量≤3%。除此之外，各等级海参在色泽、气味和杂质等感官要求，以及水分、水溶性总糖等理化指标上要求相同，即色泽呈黑褐色、黑灰色、灰色或黄褐色等自然色泽，表面或有白霜，色泽较均匀；具海参特有的鲜腥气味，无异味；无外来杂质；水分含量≤15%，水溶性总糖含量≤3 g/100 g。

341. 海参大的好，还是小的好?

挑选海参要根据自身条件和需求来选购，并不是一味地追求个大。海参质量因种类、加工方法而不同，划分标准也不同。从食用价值考虑，肉质厚，皂苷含量低的海参食用价值高。作为菜肴，以刺参、茄参等较好。从药用价值考虑，黏多糖含量高、皂苷含量高的海参则药用价值高。但作为药用食疗，不同的消费者则适于不同的海参。如果海参生长年限差不多的话，一般个头大的相对来说营养会更好一些，同样价格也会相应地更高。个头小的海参价格更实惠，但品相、营养、发泡效果等方面要比大个海参稍逊一筹。

342. 海参的刺越多越好吗？

海参刺的多少与海参质量的好坏并无多大关系，海参刺的多少通常与生长环境有关，选择海参切忌一味地只看刺的多少，选择体壁肥厚粗壮的海参更重要。黄海、渤海刺参，多称为辽参，多为四排刺，刺虽少但肉质肥厚、口感好，营养成分丰富。刺多的海参，一般产于日本海，被称为关东参，大多为六排刺，虽然按经纬度看与辽参相距很近，但营养含量还是有很大差别的。

343. 发制海参需要剔除海参筋吗？

海参筋是海参的神经系统，呈粗壮白色条形物分布在海参壁上，常被普通百姓误认为是海参的肠子，致使有些人为了能将海参发制得更大一些，常把筋剃掉。其实海参筋不仅与海参体壁有相同的活性成分，还含有丰富的海参皂苷、精氨酸、酸性软骨素等稀有营养成分。另外，海参能否发制得更大主要取决于产品品质和加工工艺。

344. 深海的海参好吗？

海参适宜生长在低潮线水深 0～10 m 之间的海域，因为阳光充足，海草、海藻、微生物丰富多样，海参的食物来源更加丰富，营养成分全。深海阳光照射不透，适宜海参生长的各种微生物、藻类稀少，因此，深海生长的海参反而不一定好。

345. 海参干品如何发制?

海参是美味珍肴，能否发好是关键。发得好，吃起来肉质细滑、柔软而有弹性，味道鲜美；发得不好，则影响质量和味道。水发海参有多种方法，推荐冷水发海参法，虽然水发海参程序较为烦琐，但能最大限度地保留海参的营养价值。

冷水发海参（锅煮法）：

（1）浸泡。将海参置于冷的纯净水中（1～10 ℃），浸泡 24 h 左右，每 8 h 换一次水，直至将海参泡软为止。提示：最好使用纯净水来泡，不要使用自来水，以保证最终泡出的海参个大、肉美、营养且易吸收，盛装器皿无油渍。

（2）清洗。将泡软的海参从腹部纵向剖开，去掉海参前端硬的牙状物、剔掉海参的肠子，清洗干净。提示：剔掉的肠子营养丰富，洗净后可用来做汤。

（3）锅煮。洗净后，在无油锅内加纯净水，加盖煮沸，然后用小火煮 15～25 min，熄火，等待水温慢慢变凉。提示：锅一定要清洗干净，无油渍。

（4）浸泡。然后用新的凉纯净水，浸泡 1～2 d，每天换一次纯净水。提示：春夏秋季时可置于冰箱低温冷藏层内，以保持较低水温，从而防止海参在过高水温中长时间发泡而腐烂。在发泡过程中，要随时观察，把发泡好的海参及时捞出，没发泡好的可以继续发泡。

（5）1～2 d 后，捞出，即可做菜食用。多余的海参可单独冷冻保存，以便日后随吃随取。提示：冷冻的时间不宜过长，最好 2 周内食用完。

（6）如仍有个别海参没有发大，可重复（3）（4）（5）步骤，再煮一次泡 24 h 即可。

346. 海参是否水发好的标准是什么?

检测海参是否水发好的标准有两个。第一，用筷子可以轻松把海参夹起来（夹不起来可能就是煮过了），海参两端自然下垂，如果还是直挺挺的，则还需继续发制。第二，用筷子在海参的背部轻轻一戳，可以轻轻穿过去，就是发好了，反之则需要继续发制。

347. 人体每天进食多少海参为宜?

据大连营养学会和大连水产学院的研究表明，正常人体每天可吃30～50 g（野生海参），吃多了人体无法吸收，会随着人体排泄系统排出体外。但病人、老人、孕妇等可适当增加。

黄玉参

348. 儿童适合吃海参吗?

三岁以上儿童可以少量食用。海参可增强儿童体质，为其提供生长发育过程中所需的多种稀有营养成分。此外，海参富含牛磺酸及锌元素，对促进孩子的大脑和神经发育具有显著的作用。

349. 海参如何正确食用?

（1）凉拌。把海参切成方便入口的丝、条、片、块等不同形状，拌上酱油和其他调味品，也可加入自己喜欢的配菜（切忌与醋同食）。

（2）煮粥。把海参切成碎末状，待粥煮好冷至温热后，把海参碎末撒在粥上，再放入少许蜂蜜后食用。此方法适合老人、孕妇、病人等。

（3）榨汁。将海参和自己喜欢的蔬果一起加入适量蜂蜜后，用榨汁机榨碎后食用。此法适合肠胃功能不好、牙口不好的老人及病人食用，是目前营养吸收最好的方法。

350. 如何烹调海参粥?

先把米粥做好，把切碎的海参放进粥内，同时加入少量葱姜等调味品，再熬煮 3 min 左右就可以出锅。此种方法操作简单，营养保存得也非常好，是比较常见的一种海参吃法。

351. 海参进补只有冬季合适吗?

立秋过后，很多经常吃海参的人都会选择在这个时节，进行连续一个月吃海参滋补，这样可以更好地调理身体的体质，更好地应对昼夜温差大的变化。因此，立秋之后渐渐开始进入海参销售的旺季。立秋之后进入秋燥时节，主要是以清淡为主，吃海参既清淡又营养。但海参因性温，可入肾、肺、心、脾诸经，是少有的四季温补、阴阳双补的食物之一，适宜全年进补。

352. 糖干海参仅仅只是增重吗?

糖干海参是在 120 ℃左右的糖油中反复煮 3～5 遍制成的。糖干海参不仅仅是糖多增重的问题了，它的营养物质在高温下流失严重，此外由于糖分高，易滋生微生物，保存周期短，高温季节易吸水产生霉变，长期食用也会使胰岛素分泌过多、糖和脂肪代谢紊乱，引起人体内分泌失调，进而导致多种慢性疾病发生，存在大量的安全隐患。尤其对糖尿病患者来说，食用糖干海参不仅不能滋补，还很可能威胁生命安全。新颁布实施的《干海参》国家标准规定，生产经营干海参，不允许使用除食盐以外的食品添加剂，用熬糖的方法加工出来的糖干海参必须退出市场。很多消费者却还不以为然，误以为用一斤淡干海参的钱可以买几斤糖干海参，多出这么多海参是很划算的。

353. 中国沿海的海参品质都一样吗?

海参的品质好坏与海参品种、产地等有很大的关系。在我国沿海，海参的品种很多，北方的刺参个头相对较小，但是北方水温低，生长周期长，海参个头虽小却营养积累更多，是业内公认度最高的，南方产的刺参生长周期短，个头一般较大，但营养水平要比北方沿海的差。

第七章 鱿鱼、墨鱼、章鱼

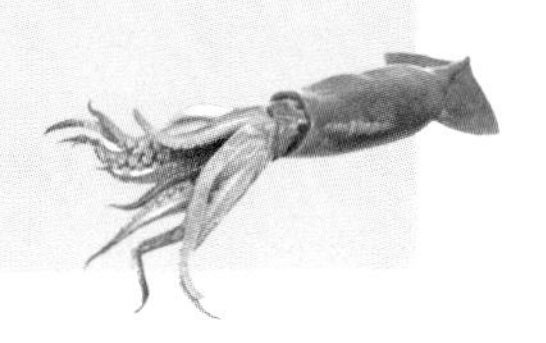

354. 如何区别墨鱼、鱿鱼、章鱼?

第一招，看脚（腕足）。墨鱼、鱿鱼、章鱼都属于头足类软体动物。墨鱼（乌贼）和鱿鱼（枪乌贼）同属于十腕总目，拥有十只腕足，而章鱼属于八腕目，有八条相对较长的腕足，因此通过数脚就可以从外表上区分墨鱼、鱿鱼和章鱼。章鱼常被称作八爪鱼，一般雄章鱼右侧第三腕特化为交接腕，或称生殖腕。交接腕上具有特化的吸盘或沟槽，能将精荚送入雌性体内，是许多头足类判断雌雄的重要依据。有些章鱼（如七胳膊章鱼）的交接腕在右眼下方卷起，是厚厚的凝胶状组织，常常被忽略，故而得“七胳膊”之名。墨鱼和鱿鱼都具有十条腕，左右对称排列，背部正中央为第 1 对，向腹侧依次为第 2～5 对，通常第 4 对腕较长，且末端膨大如同触角，被称为“触腕”。触腕可自由伸缩，不用时可缩入根部的触腕囊内，捕食时能迅速弹出。触腕上通常还具有 1 个长柄，顶端呈舌状，称触腕穗，内生吸盘。雄乌贼左侧第 4 腕为交接腕，中间的吸盘已经退化。章鱼、墨鱼、鱿鱼三者腕足上的吸盘数也不一样。章鱼腕足上的吸盘为 2 行或 1 行，没有柄和角质环，且不会特化成钩。墨鱼的腕吸盘为 4 行，触腕穗吸盘为数行至数十行，有柄和角质环。鱿鱼中枪形目的种类吸盘多为 2 行，触腕穗吸盘多为 4 行，有柄且角质环小齿发达，有些种类的吸盘特化成钩。

第二招，看壳。章鱼的内壳已经退化，因而具有极高的缩体功夫，可以从很小的洞里钻进钻出。鱿鱼的内壳为角质，薄而透明。墨鱼的内壳发达，为石灰质，称为海螵蛸（也有些种类内壳退化，如耳乌贼属）。墨鱼壳是重要的中医药材，可治疗很多疾病。据《中国海洋医药辞典》记载：墨鱼壳“有止血、涩精、止带、制酸之功效，主治吐血、衄血、崩漏带下、胃酸过多、胃溃疡。外用可治创伤出血、下肢溃烂久不收口等”。海螵蛸看似一块硬邦邦的石灰片，却可以让乌贼像潜艇一样升降。海螵蛸内部疏松，孔隙众多，前面可充满气体，后面可注满水。乌贼可以根据潜水深度来调节海螵蛸孔隙中水分和气体的量，但这一过程缓慢，以此调节控制水中位置显然不太实际，所以主要还是靠胴部的“鳍”来完成。

第三招，看伪装术。章鱼和墨鱼都比较善于伪装，有不同的伪装术，但鱿鱼不擅伪装。章鱼和墨鱼能根据所看背景，利用色素细胞（彩虹色素细胞和白色素细胞）改变皮肤的亮度和花纹。头足类中章鱼的视觉敏锐，能辨识物体的亮度、形状、大小以及垂直和水平的方向。相比墨鱼单纯依靠体色伪装，某些章鱼的伪装技巧更胜一筹。生在东南亚苏拉威西岛海域的拟态章鱼，可伪装成海蛇、比目鱼、海葵、蓑鲉、海蛇尾、水母和虾蛄等。此外章鱼和墨鱼都有墨囊，可释放墨汁，用于逃生。

355. 如何鉴别鱿鱼与乌贼？

用手指用力按胴体的中部，如有坚硬感，则是乌贼，如果较软，则是鱿鱼。这是因为鱿鱼的内壳为角质，薄而透明，乌贼的内壳发达，为石灰质。乌贼有一条像船形的硬石灰质乌贼骨，而鱿鱼仅有一条叶状的透明薄膜横亘于体内，所以手感不同。另外，鱿鱼一般体形细长，末端呈长菱形，肉质鳍分列于胴体的两侧，倒立观察，像一只“标枪头”，而乌贼外形稍显肩宽。

356. 鱿鱼有什么营养价值？

鱿鱼，也称枪乌贼、柔鱼，营养价值高，是名贵的海产品之一。鱿鱼和墨鱼、章鱼等软体头足类海产品在营养价值和功用方面基本相同，均富含蛋白质、钙、铁、磷等，并含有十分丰富的微量元素如硒、锰、碘、铜等。鱿鱼中富含的钙、铁、磷等元素，对骨骼发育和造血十分有益，可预防贫血。鱿鱼是一种低热量食品，含有大量的牛磺酸，可抑制血中胆固醇含量，缓解疲劳，恢

复视力，改善肝脏功能。鱿鱼中含有的多肽和硒等微量元素有抗病毒、抗射线的作用。传统中医认为，鱿鱼具有滋阴养胃、补虚润肤的功效，一般人均可食用。但也有些人需要忌口，高血脂、高胆固醇血症、动脉硬化等心血管病及肝病患者、脾胃虚寒的人都应慎食。因为鱿鱼性质寒凉，且是发物，患有湿疹、荨麻疹等疾病的人也应忌食。

357. 食用鱿鱼有什么禁忌?

鱿鱼需要煮熟煮透后再食，因鲜鱿鱼中有一种多肽成分，如未煮熟透便食用的话，会导致肠运动失调。由于鱿鱼含胆固醇较多，性质寒凉，又是发物，故高血脂、高胆固醇血症、动脉硬化等心血管病及肝病患者应慎食，脾胃虚寒的人应少吃，患有湿疹、荨麻疹等疾病的人应忌食。

358. 如何挑选鱿鱼?

首先，看色泽，好的鱿鱼体表面略现白霜，新鲜的鱿鱼呈粉红色，有光泽，半透明，而不新鲜的鱿鱼整体颜色暗淡，背部有霉红色；其次，是用手挤压背部的膜，膜不易脱落的是新鲜的，膜越容易脱落的则越不新鲜；再次，是看鱿鱼的头部和身体的紧实程度，越紧实越新鲜；最后，是闻味道，有腥臭味的肯定不新鲜。

359. 鱿鱼干如何分级?

鱿鱼干的质量，一般依据形体大小、光泽、颜色、肉质厚薄等划分为三个等级。一级品：形体大，肉质厚，体形完整，肉质粉红，明亮平滑，质地干燥，无霉点，每片体长在 20 cm 以上。二级品：体形较大，肉质较厚，体形完整，肉质粉红，明亮平滑，质地干燥，无霉点，每片体长在 14～19 cm。三级品：体形小，肉质薄，体形较完整，肉质粉红，略亮平滑，每片体长在 8～13 cm。

360. 如何烤鱿鱼?

鱿鱼表面涂抹上喜爱的酱汁后，再进行烧烤，烧烤的过程当中要在鱿鱼身上不断地涂抹酱汁，边涂边烤，还要不时地为鱿鱼翻身。鱿鱼刚刚烤出来时，满屋飘香，需趁热吃，柔韧鲜美，嫩中带脆，越嚼越香，回味无穷。

361. 如何制作甜辣鱿鱼卷?

（1）把打好花刀的鱿鱼片在加有适量料酒和盐的开水中焯至打卷后捞出沥干。

（2）蒜片爆香，加青红椒块、洋葱块炒至断生。

（3）取甜辣酱、料酒，盐、鸡精、胡椒粉、糖和少许淀粉调成料汁。

（4）将料汁倒入焯过水的鱿鱼卷回锅，炒匀后起锅装盘。

362. 如何制作糯米香烤鱿鱼筒?

（1）糯米提前浸泡 4 h 左右，蒸或煮熟，取半碗备用；鱿鱼洗净后，用姜和料酒腌制备用；火腿、甜椒、胡萝卜等配菜切粒备用。

（2）锅内热油，炒香火腿，加米饭炒散后，加入其他配菜炒匀调味，出锅备用。

（3）自制烧烤酱。取适量蚝油、姜汁和其他调料（视自己喜好），拌匀即可。

（4）将炒好的米饭装入鱿鱼桶内。表面刷一层烧烤酱，然后放入烤箱烘烤 20 min 左右即可（根据火力调整烤制时间）。

363. 如何烹调铁板鱿鱼?

（1）鱿鱼去掉内脏和膜，切成细丝控干水分。

（2）放入油锅中炸得微黄捞出。

（3）葱、姜、洋葱切丝，锅留底油烧五成热，加干辣椒炒香，放入葱姜丝煸炒，加入洋葱、鱿鱼丝，烹入盐、生抽、酱油，炒匀放在烧热的铁板上上桌。

364. 如何烹调鱿鱼炒五花肉?

（1）提前浸泡干鱿鱼 2 h 以上，直至泡软，将鱿鱼表面的黑色薄膜去除干净。

（2）洗干净的鱿鱼切成 2 cm 宽、4～5 cm 长的鱿鱼片。

（3）五花肉清洗干净后切成 2 cm 宽、3～4 cm 长的块状。

（4）锅内放入少量油，倒入五花肉，爆香并出油后再倒入鱿鱼片，加入生抽、老抽、盐翻炒均匀，熟后起锅装盘。

365. 如何烹调芦笋炒鱿鱼?

（1）鲜鱿鱼去皮后打花刀，在开水中微泡水略烫，卷成小卷。

（2）将柚子肉一半榨汁，一半撕成小丝，用柚子汁和泰式甜辣酱腌渍鱿鱼入味。

（3）鲜虾去皮留尾，用料酒、胡椒粉、盐腌渍去腥。

（4）芦笋去老皮，切段，在开水中焯熟。

（5）锅内放油，煸香葱、姜碎和泰式甜辣酱，加入鲜虾炒至变色，再放入鱿鱼卷和剩下的柚子汁，加入白糖、盐调味。最后加入芦笋段、柚子肉丝，勾薄芡出锅装盘即可。

366. 如何做红烧鱿鱼卷?

（1）准备好鱿鱼、木耳、黄瓜、盐、料酒、葱、味精、酱油、糖。

（2）水发后的鱿鱼清洗干净并切片，开水焯炒，黄瓜切成菱形的片。

（3）葱、盐、味精、糖、料酒、酱油兑成汁，可加一点焯过鱿鱼的水备用。

（4）锅放油烧热后，把鱿鱼片、黄瓜片和调汁放进去爆炒就出锅。

（5）炒锅剩下的汁水，勾芡浇在鱿鱼上。

367. 如何烹调蚝油酱爆炒鱿鱼?

（1）将鱿鱼清洗干净，将红褐色表皮去除。

（2）将鱿鱼剖开，轻划斜刀。将划好的鱿鱼片先切成条，再切成片。

（3）将鱿鱼片在开水中略烫一会，待卷成小卷后立即捞起，然后浸泡在冰水里。

（4）西兰花、青红黄椒、西红柿切成合适的小块，姜、蒜头、葱切成合适的小段。

（5）锅热后加适量油，放入姜、蒜头、葱白、干辣椒段一起爆香，然后放入西兰花、西红柿、青红黄椒块翻炒，加入适量的盐、黑胡椒粉、糖继续翻炒后加入适量的蚝油，炒匀，最后加入沥干水分的鱿鱼快速翻炒，喷入适量米酒炒匀之后出锅。

368. 如何做鱿鱼丝？

（1）将鱿鱼干中间肚子上的干皮，撕尽。

（2）将烤箱预热 1 min 以后，将鱿鱼的头和身体，分开，同时烤 5 min。

（3）烤好后，顺着鱿鱼的一侧，一点点撕开。越细越好。要注意的是，天气干燥时，要少吃，鱿鱼丝比较上火。也可以将鱿鱼放在水中煮，同样 5 min 即可，吃起来，就不用担心火气啦。

369. 墨鱼的营养与药用价值？

墨鱼肉味鲜美，有丰富的营养和药用价值。墨鱼所含的蛋白质丰富，比畜肉、禽肉和鱼肉都要多，而且它的营养成分更容易溶解在液汁中，更适宜体弱的人食用和吸收。据分析，每 100 g 干墨鱼中蛋白质的含量为 68.4 g，糖含量为 5.5 g，脂肪含量为 4.2 g，热量为 1 393.27 kJ，水分含量为 13.1 g，灰分含量为 8.8 g，磷含量为 776 mg，钙含量为 290 mg，铁含量为 5.8 mg，还含有一些维生素，可以和大小黄鱼、带鱼等海珍相媲美。而且，墨鱼的可食部分比率比较高，达 92%，而大小黄鱼只有 57%。鸡蛋也不过 85%。传统中医认为墨鱼味酸、性平，有滋阴养血、益气强志之功效。墨鱼骨的中药名为海螵蛸，碳酸钙含量为 80%～85%，黏液质 5%～10%，壳角质 6%～7%，并含有少量氯化钠、磷酸钙、镁盐等。对胃溃疡及十二指肠溃疡、创伤出血、肺结核咯血、皮肤湿疹等，具有较好的疗效。

第八章 海蜇、海胆、海肠

370. 如何选购海蜇头?

海蜇头的质量分两个等级。一级品：肉干完整，色泽淡红，富有光亮，质地松脆，无泥沙、碎杆及夹杂物，无腥臭味。二级品：肉干完整，色泽较红，光亮差，无泥沙，但有少量碎杆及夹杂物，无腥臭味。吃海蜇头之前要注意检查，以免引起肠道疾病。检查方法是，用两个手指头把海蜇头取起，如果易破裂，肉质发酥，色泽紫黑，说明坏了，则不能食用。

371. 如何选购海蜇皮?

可以从色泽、脆性、厚度、形状几个方面来鉴别海蜇皮的优劣，具体参照如下：

（1）色泽鉴别。良质海蜇皮：呈白色、乳白色或淡黄色，表面湿润而有光泽，无明显的红点。次质海蜇皮：呈灰白色或茶褐色，表面光泽度差。劣质海蜇皮：表面呈现暗灰色或发黑。

（2）脆性鉴别。良质海蜇皮：松脆而有韧性，口嚼时发出响声。次质海蜇皮：松脆程度差，无韧性。劣质海蜇皮：质地松酥，易撕开，无脆性和韧性。

（3）厚度鉴别。良质海蜇皮：整张厚薄均匀。次质海蜇皮：厚薄不均匀。劣质海蜇皮：片张厚薄不均。

（4）形状鉴别。良质海蜇皮：自然圆形，中间无破洞，边缘不破裂。次质海蜇皮：形状不完整，有破碎现象。劣质海蜇皮：形状不完整，易破裂。

372. 海蜇有什么营养价值？

海蜇的营养价值高，营养成分极为丰富，其独特之处是脂肪含量极低，蛋白质和矿物质类等含量极为丰富，并富含维生素 B_1、维生素 B_2、烟酸、胆碱、钙、磷、铁、碘等成分。海蜇也具有重要的药用价值，传统中医认为它味咸、性平，具有消积润肠、化痰软坚、降低血压的功效。

373. 如何鉴别天然海蜇与人造海蜇？

天然海蜇是海洋中的根口水母科生物被捕获后，再经盐矾腌制加工而成，表面湿润而有光泽，外观呈乳白色、淡黄色、肉黄色，牵拉不易折断，口感爽脆，并有韧性，其形状呈自然圆形，无破边。人造海蜇主要是用褐藻酸钠、明胶，再加以调料调制而成，一般色泽微黄或呈乳白色，脆而缺乏韧性，牵拉时易于断裂，口感粗糙如嚼粉皮并略带涩味。

374. 如何处理新鲜海蜇？

由于新鲜海蜇含水量高、易分解和自溶，通常采用盐矾腌渍的方法对其进行加工。腌制海蜇在加工过程中使用了大量的食盐和明矾，没有食盐和明矾脱水，刚捕捞的海蜇很快就自溶成水。

375. 海蜇中残留铝超标对健康有什么危害？

明矾（硫酸铝钾）在海蜇加工中用于脱水防止自溶，但加入过多的明矾会造成铝残留量偏高，会对大脑及神经细胞产生毒害，诱发阿尔茨海默病。世界卫生组织就正式确定铝为食品污染物，并提出铝的 PTWI 值（每人每周每千克体重摄入量）为 2 mg/kg。

376. 海胆的哪些部分可食？哪些部分不可食？

海胆里面可食用的部分叫作海胆子，它是海胆的黄色部分，也是海胆的生殖腺，所以繁殖季节的海胆最肥最好吃，这个生殖腺也被称为海胆黄、海胆卵、海胆膏，占整个海胆的8%～15%，橙黄色，吃起来味道鲜美。黑色的部分是肠胃等消化系统，不可食用。

377. 海胆有何营养特点?

海胆以其生殖腺供食，其生殖腺又称海胆卵、海胆子、海胆黄、海胆膏，色橙黄，味鲜香，占海胆全重的8%～15%。每100 g鲜海胆中蛋白质含量为41 g、脂肪含量为32.7 g，还含有维生素A、维生素D和各种氨基酸以及钙、磷、铁等营养成分。可谓味绝、色美、高营养，天下难得的美食。其味咸，性平，小毒，据《本草纲目》记载可治心疼，有强精、壮阳、益心、强骨、补血的功效，对精力不足、神经衰弱等亚健康状况，有明显的改善效果。与白酒、辛辣等食品相抵触。

378. 如何挑选海胆?

挑选海胆主要是看和触。看就是仔细观察，鲜活的海胆浑身的刺是会动的，动的幅度越大，说明鲜活度越好。触就是碰触，用螺丝刀的尖端轻触海胆的腹部中央嘴的位置，鲜活的海胆受到刺激后，嘴便会迅速收缩。

379. 食用海胆有何禁忌?

并非所有的海胆都可以吃，有不少种类是有毒的。这些海胆看上去要比无毒的海胆更加漂亮鲜艳。例如，生长在南海珊瑚礁间的环刺海胆，它的粗刺上有黑白条纹，细刺为黄色。幼小的环刺海胆的刺上有白色、绿色的彩带，闪闪发光，在细刺的尖端生长着一个倒钩。它一旦刺进皮肤，毒汁就会注入人体，细刺也就断在皮肉中，使皮肤局部红肿疼痛，有的甚至出现心跳加快、全身痉挛等中毒症状。另外，阳虚体质、阴虚体质、瘀血体质的人不宜食用海胆。

380. 如何处理新鲜海胆?

海胆捕捞出水后，在空气中放置半日至一日，海胆黄即可能发软变质，不能食用。时间久了，海胆黄还容易自溶。所以，从海中捕捞的新鲜海胆，要么即时吃，要么放置在容器内的海水中保存，即食即取。生吃的海胆，除新鲜外，还必须采自洁净无污染的海域。将挑选好的新鲜海胆洗净后，可用剪刀撬开黑色带辐射状芒刺的软壳，用羹匙挖出壳内状似橘子瓣黄色的海胆卵，去掉内脏。将海胆卵放入冰水，加入柠檬、盐后浸泡10 min，再吸干水分。吃的时候搭配芥末和酱油等适当的调味料，味道更佳。

381. 海胆有哪些吃法?

海胆的吃法多种多样，不论是新鲜的海胆卵或是经过加工的任何系列产品，都可用于清蒸煎炒、冷盘或烹调成汤。海胆还可以生产加工成为盐渍海胆、冰鲜海胆、海胆酱、酒精海胆和清蒸海胆罐头等多种海胆食品。

382. 如何做海胆炒饭?

材料：新鲜海胆80 g左右，姜蓉30 g左右，鸡蛋一个，菜心适量，米饭正常两人份，小葱适量。制作方法：①将姜蓉与海胆黄混合均匀备用。②将鸡蛋炒成碎粒状，盛出备用。③将菜心根部切成颗粒状小段备用。④用葱油将混合好的海胆黄和姜蓉炒成膏状，加入炒好的鸡蛋和菜心不停翻炒。⑤加入米饭炒拌均匀，再加入适量盐调味即可。

383. 海肠有何营养特点?

海肠，学名单环刺缢，在中国仅渤海湾出产，它浑身无毛刺，浅黄色，是一种长圆筒形软体动物。海肠的营养价值可以与海参相媲美，长得也比较像裸体海参，它具有温补肝肾、壮阳固精的作用，特别适合男性食用。关节炎及痛风患者忌食。

384. 孕妇能吃海肠吗?

孕妇能吃海肠。孕妇食用海肠能美容养颜，防治妊娠期出现黑斑等皮肤问题，还能补充优质蛋白质和多种矿物质。但是食用海肠时一定要清洗干净，烹煮彻底，防止细菌感染。海肠能为孕妇补充优质蛋白、多种维生素和矿物质，能提高抵抗力，有利于胎儿健康发育。此外，海肠中含有丰富的 DHA、EPA 等多不饱和脂肪酸，对胎儿的智力和神经发育颇有益处。但是孕妇也不宜过量食用，以防影响消化吸收。

385. 海肠都有哪些吃法、做法?

吃海肠，讲究鲜美，直接用剪刀把鲜活的海肠两头带刺的部分剪掉，洗净内脏和血液。烹饪时，充分把握好火候和时间，动作要快，防止海肠变老，变老后的口感犹如嚼橡皮筋。海肠在烹饪的过程中，除了把握好火候外，另一关键点就是调味一定要简单。要突出海肠的鲜美脆嫩，体现原料本味为主，这也是饮食健康养生的关键所在。

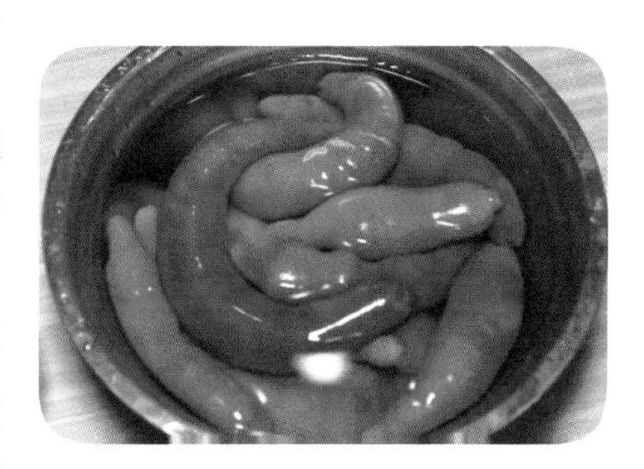

386. 如何烹饪韭菜炒海肠?

食材：新鲜海肠 1 000 g、韭菜 100 g、盐 10 g、植物油 30 g、淀粉 5 g、大葱 10 g、味精 5 g、醋 5 g、胡椒粉 2 g、大蒜 10 g。制作方法：①海肠切去两头，洗净泥沙，切成寸段。②韭菜洗净切段。③将海肠在九成热的水中焯 3 s 捞出。④葱、姜爆香，烹醋，加韭菜、海肠和其他调味品快速翻炒 30 s，用淀粉勾芡，加香油拌匀，装盘即可。

第九章　其　他

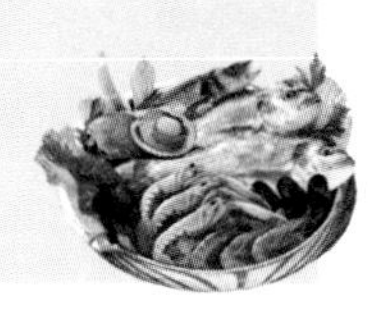

387. 什么是水产品质量安全?

水产品的生存环境及其在加工与流通等环节的各种因素，或多或少会影响其质量安全，世界上没有绝对无污染的水产品，只能从一定范围和一定限度内判定水产品是否安全。从科学的角度来说，符合水产品质量安全标准的水产品都是安全的，可以放心食用。目前我国主要通过禁（限）用药物残留、生物毒素、重金属含量、寄生虫、微生物等检测指标对水产品的质量安全进行判定。

388. 如何选购干制水产品?

选购干制水产品主要通过感官、包装、购买场所、品牌和标签等方面入手。质量好的干制水产品应外形完整，色泽正常无异味，发霉、酸败、脂肪氧化、盐析、红染、生虫的干制水产品不能买。尽量选择包装完整且质量好的产品，包装好的水产品可抑制品质下降，避免二次污染。尽量选择正规或规模较大的商场和超市购买。建议选择知名品牌或规模较大的生产企业的产品。应检查产品名称、生产厂家、配料表、执行标准、厂址、电话等资料是否齐全，产品是否在保质期内。

389. 水产品的感官鉴别要注意什么?

水产品的感官鉴别主要通过分析水产品的鲜活程度、外观形态、色泽、气味、肉质和洁净程度等感官指标来进行综合评价的。首先，是观察其鲜活程度，活的水产品要优于冰鲜和冷冻水产品。其次，是观察其外观形态，注意其是否完整及有无伤痕、鳞爪脱落、骨肉分离、病斑等情况。然后，注意其色泽、气味和肉质，观察其色泽是否明亮，是否具有该类水产品特有的正常气味、有无臭味，肉质是否紧实有弹性，有必要的话还要品尝其滋味。最后，是观察其卫生洁净程度，有无污秽物、杂质等。

390. 常见的干制水产品有哪些？

干制水产品是以鲜或冻的鱼、虾、贝、藻、头足类等水产品为原料，经干燥或脱水方法去除水分，或配以调味、焙烤、轧松等工艺加工制成的水产品，可以延长水产品保存期。目前市场上干制水产品主要有两类：一种为经清洗、调味、蒸煮等预处理后干燥加工而成的产品，工艺相对简单，分为即食与非即食，主要产品包括干鲍鱼、干贝、虾米、鱿鱼干、海带干、紫菜等；另一种产品经清洗、蒸煮、切片等预处理后，进一步经过调味、焙烤、轧松等工序加工而成的产品，工艺相对复杂，一般为即食，主要产品包括鱿鱼丝、鱼片、海苔、休闲鱼干等。

391. 水煮后水产品如何进行鲜度感官鉴别？

对鲜度稍差或有轻度异味的水产品，以感官鉴别方法判断其品质鲜度较困难时，即可通过水煮后通过气味、滋味和汤汁进行鉴别。样品开水下锅，注意样品不宜过多，然后盖好锅盖，再次煮沸时，开盖依次进行气味、滋味和汤汁鉴别。气味鉴别：新鲜水产品具有该类水产品特有的正常气味，无腥臭味或氨味。滋味鉴别：新鲜水产品具有该类水产品特有的鲜美味道，肉质紧实有弹性；而鲜度差的水产品无鲜味，肉质糜烂，有氨臭味。汤汁鉴别：新鲜水产品的汤汁清冽，带有该类水产品特有的色泽，汤内无碎肉；而鲜度差的水产品汤汁混浊，碎肉悬浮于汤内。

392. 如何识别浸泡过福尔马林的水产品？

福尔马林即甲醛的水溶液，一般含有37%～40%甲醛。为了延长水产品保质期，增加水产品的新鲜程度，有不良商贩使用福尔马林来浸泡水产品，严重危害人体健康。识别浸泡过福尔马林的水产品可通过外观形态、气味、质地、滋味等方面入手。浸泡过福尔马林的水产品一般整体看来比较新鲜，表面有光泽、发白、黏液较少，眼睛一般比较浑浊；浸泡过福尔马林的水产品，会带有甲醛的刺激性气味，缺少水产品独有的腥味；浸泡过福尔马林的水产品，如海参、鱿鱼等，质地较硬、发脆且手捏易碎；浸泡过福尔马林的水产品，吃起来会发涩，缺少鲜味。另外，还可以用化学试剂鉴别，将品红亚硫酸溶液滴入泡发水产品的溶液中，如果溶液呈现蓝紫色，即可确定为浸泡过福尔马林的水产品。

393. 水产干制品为什么会赤变?

水产干制品由于贮藏不当或贮藏时间过长，导致肉色发红，风味改变，这种现象被称为赤变现象，主要是由一些能产生红色素的耐盐细菌所引起的。为防止水产干制品赤变，在水产品干制过程中，应注意器皿的洁净，减少耐盐细菌的感染，必要时要进行消毒处理。贮藏过程中，水产干制品要尽量包装完好，且尽量选择阴凉、干燥、通风、低温的环境，避免与潮湿空气接触，以减少耐盐细菌的繁殖。在贮藏过程中，要定时检查，及早发现，争取在赤变初期迅速进行翻晒，减少水产品的水分，从而抑制水产品的赤变。

394. 水产干制品为什么会出现哈喇味?

水产干制品由于加工或贮藏不当，经常会产生特殊的哈喇味，这是由于水产品中的脂肪在氧气、光照、高温等作用下，发生氧化、酸败而产生的异味，此时水产品常伴随着颜色变黄或变褐，严重影响制品外观和食用质量。预防水产干制品出现哈喇味的方法主要是通过降低脂肪氧化来实现。水产品干制过程中，对油脂多的水产品，传统日晒加工应防止烈日暴晒引起脂肪氧化，采用热风干燥、热泵干燥等干燥加工时，也应避免温度过高，防止脂肪渗出而加重哈喇程度。水产干制品贮藏过程中，应尽量选择阴凉、干燥、通风、低温的环境。

395. 食用海鲜中毒时做怎样的急救处理?

食用不新鲜海鲜或不干净海鲜容易引发食物中毒，其中有毒贝类引起的食物中毒较为常见，主要包括麻痹性贝类中毒、下痢性贝类中毒、神经性贝类中毒和失忆性贝类中毒等4类。食用海鲜中毒的症状主要包括腹泻、呕吐、腹部痉挛、刺痛、出疹、发烧、冷热感觉逆转、麻木、心搏徐缓、瞳孔扩大等。一般在食用数分钟至几小时内，这些症状就会相继出现。食用海鲜中毒后，建议立即采取人工刺激法，用手指或钝物刺激中毒者咽弓及咽后壁，引起呕吐，从而减少毒素吸收，减轻中毒症状，同时应注意避免呕吐误吸而发生窒息。重症中毒者应尽快去医院，并收集可疑海鲜、呕吐物、排泄物等送到医院做毒物分析。轻症中毒者应多饮淡盐水、茶水或姜糖水等，如果腹泻，最好食用浓米汤、稀藕粉、去油肉汤、过滤后的果汁等易消化食物。

396. 怎样根据水产品的新鲜程度确定烹调方法？

水产品按照新鲜程度可分为鲜活、次新鲜、不太新鲜，可根据新鲜程度来确定适宜的烹调方法。鲜活的水产品，最适于清蒸和氽汤，烹制出的菜肴可体现水产品的本味和鲜甜，当然也可以用来软炸、炒、烩、干煎，同样能够体现出水产品的美味。次新鲜的水产品，采用红烧、油炸、干烧、红焖、茄汁烹制为宜。不太新鲜的鱼、虾等水产品，建议采用糖醋、焦炸等方法，通过加大佐料来消除异味；而不太新鲜的螃蟹、甲壳类等水产品不能食用，容易引起食物中毒。

397. 如何保存海鲜？

鱼、虾、贝等海鲜与陆上的动物不一样，鲜度非常容易下降，良好的处理和贮藏方式对于保持海鲜的鲜度具有重要作用。尽量买鲜活且品质高的海鲜，鲜活与冷冻海鲜的处理方式不同。鲜活的鱼类需要先将鳃、内脏和鱼鳞去除干净，用水充分洗净，再根据每餐的用量进行分装，最后再放入冰箱冻藏。虾类很容易黑变，鲜活虾类需要先将外表清洗干净，根据每餐的用量进行分装冻藏，避免反复冻融。鲜活的贝类和蟹类买回后先用清水洗净，最好直接烹饪食用，如需长时间贮藏，建议煮熟后带汤汁冻藏。冷冻的海鲜买回家后，应尽速放入冰箱冻藏，避免温度过高降低海鲜品质。

398. 吃海鲜要注意什么？

一是要保证海鲜新鲜，尽量避免生食海鲜，以免出现细菌和寄生虫感染、食物中毒等情况。二是吃海鲜时尽量少喝啤酒，特别是尿酸高的人，容易导致痛风发作。三是尽量不要与含鞣酸高的食物混着吃，因为海鲜中含有较高的矿物质，容易与鞣酸结合生成沉淀，不仅降低了矿物质的吸收，而且会导致头晕、呕吐、腹痛等症状发生。四是吃海鲜时要注意饮食平衡，建议多搭配主食、肉类、新鲜蔬菜等食物。五是脾胃虚弱的人建议少吃海鲜，容易引起腹痛腹泻。六是制作海鲜时，可以加入姜、醋、白酒、紫苏、大蒜等调料，平衡海鲜的寒性。

399. 哪些人群不宜多吃海鲜?

海鲜是高蛋白食物，过敏原较多，容易导致过敏。因此，过敏体质者或有过哮喘的人群需要注意。脾胃虚弱、虚寒体质的人尽量少吃海鲜，容易引发腹痛、腹泻等消化问题。从中医角度讲，海鲜是发物，因此体热、舌苔厚腻、身上长疮的人不适合食用海鲜。另外，大部分海鲜是高嘌呤食物，患有痛风症、高尿酸血症和关节炎的人尽量少食用。

400. 什么样的水产品不得销售?

根据我国水产品质量安全相关标准的规定，有五大类水产品不得销售。一是含有国家禁止使用的渔药或者其他化学物质的；二是渔药等化学物质残留或者含有的重金属等有毒有害物质不符合水产品质量安全标准的；三是含有致病性寄生虫、微生物或者生物毒素不符合水产品质量安全标准的；四是在水产品经营运输等过程中使用的保鲜剂、防腐剂、添加剂等材料不符合国家有关强制性的技术规范的；五是其他不符合水产品质量安全标准的。

附录 1　香港张珍记

“香港张珍记”是高端鲍鱼海珍预制菜龙头品牌。

深耕行业 20 年，建立欧盟标准生产基地，成立中国首个鲍鱼营养安全研究中心，特聘港澳两地星级厨师，形成了专业化、标准化、规模化的经营模式。

独具全球一手优质海味资源，自有国内海珍日产量最大的生产基地和直产货源优势。

创始人张亚秀，从小对鲍鱼、佛跳墙等历史悠久的海珍美食情有独钟。2003 年，她只身前往广州，在广州一德路租赁一个 5 m² 的干货档口，开始了创业生涯，也从此走进了神往已久的海珍领域。

引领海珍行业新发展。张亚秀注入大量精力研发、筹备海珍产品，几经探索，于 2017 年正式创立“香港张珍记”品牌，并通过超低温锁鲜技术，首创推出“高端港式即食鲍鱼佛跳墙”系列。产品自推出就一炮而红，奠基了张珍记即食海珍领域不可动摇的地位。

发展至今，坚持贯彻“好鲍鱼，张珍记”的理念，创造性推出“红烧吉品鲍鱼”“鲍鱼佛跳墙”“鲍鱼花胶鸡”等系列爆品，开启鲍鱼海珍消费 2.0 时代。张珍记致力于打造全球鲍鱼海珍第一品牌，布局线上线下多渠道融合发展，目前专卖店数已达 300＋，经销商伙伴 800＋，已成为行业标杆。

未来，传承中华美食文化，传递百年国味，让鲍鱼海珍进入寻常百姓家，是张珍记人矢志不移的目标！

自 2021 年开始，张珍记计划在全国布局 10 000 家联营店，遍布全国 40 多个城市。未来，张珍记将继续坚持贯彻“好鲍鱼，张珍记”的理念，发扬传承百年美食文化，用诚意带领一群志同道合之人共创未来！

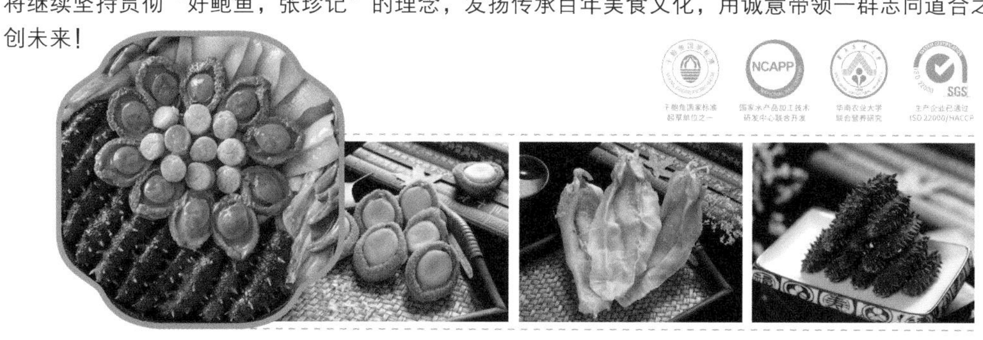

附录2　挪威阿克海洋生物公司

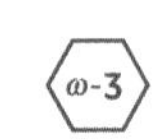